虫洞书简

给青少年的45堂记忆课

张颖 陈仁鹏 著

台海出版社

图书在版编目（CIP）数据

虫洞书简：给青少年的45堂记忆课/张颖，陈仁鹏著．——北京：台海出版社，2023.5
　ISBN 978-7-5168-3553-1

Ⅰ.①虫…Ⅱ.①张…②陈…Ⅲ.①记忆术－青少年读物Ⅳ.① B842.3-49

中国国家版本馆 CIP 数据核字（2023）第 073150 号

虫洞书简：给青少年的45堂记忆课

著　　者：张颖　陈仁鹏	
出 版 人：蔡　旭	封面设计：末末美书
责任编辑：赵旭雯	

出版发行：台海出版社
地　　址：北京市东城区景山东街 20 号　邮政编码：100009
电　　话：010-64041652（发行，邮购）
传　　真：010-84045799（总编室）
网　　址：www.taimeng.org.cn/thcbs/default.htm
E-mail：thcbs@126.com

经　　销：全国各地新华书店
印　　刷：三河市嘉科万达彩色印刷有限公司
本书如有破损、缺页、装订错误，请与本社联系调换

开　　本：880 毫米 ×1230 毫米	1/32
字　　数：170 千字	印　　张：9.25
版　　次：2023 年 5 月第 1 版	印　　次：2023 年 6 月第 1 次印刷
书　　号：ISBN 978-7-5168-3553-1	

定　　价：59.80 元

版权所有　　翻印必究

目录

第一章 重新认识我们的大脑 / 001

第一节 三大常见大脑记忆误区 / 003
第二节 过目不忘是种病 / 008
第三节 四大方法保持大脑活力 / 013

第二章 秒变记忆达人 / 019

第一节 开启记忆之门 / 021
第二节 5分钟速记50位圆周率 / 025
第三节 《三十六计》倒背如流 / 032

第三章 最强大脑记忆法 / 045

第一节 记忆万能公式 / 047
第二节 出图——让你拥有超凡的想象力 / 053

第三节　联结——不再遗忘的秘诀 / 062

第四节　定桩——让你记忆效率倍增的记忆宫殿 / 068

第四章　诗词文章轻松记 / 075

第一节　用身体桩法记《满江红》/ 077

第二节　用数字桩法记《陋室铭》/ 084

第三节　用数字桩法记《论语》/ 090

第四节　用人物桩法记《少年中国说》/ 096

第五节　用物体桩法记《迢迢牵牛星》/ 101

第六节　用地点桩法记《回延安》/ 105

第七节　用地点桩法记《琵琶行》/ 110

第八节　用地点桩法记《古朗月行》/ 124

第九节　用漫画法记三首古诗词 / 129

第十节　用画图法记《题破山寺后禅院》/ 137

第十一节　用画图法记《铁杵成针》/ 141

第十二节　用串字法记三首古诗词 / 144

第十三节　用串字故事法记《回延安》/ 150

第十四节　用三大方法记现代文《春》/ 154

第五章　英语单词轻松记 / 159

第一节　用拼音法记单词 / 161

第二节　用熟词法记单词 / 166

第三节　用近似法记单词 / 171

第四节　用思维导图法增加词汇量 / 174

第五节　《新概念英语》轻松记 / 180

第六章　学霸记忆法 / 187

第一节　快速区分易读错字词 / 189

第二节　快速区分易写错字词 / 193

第三节　快速书写复杂文字 / 197

第四节　快速积累成语 / 201

第五节　速记传统文化常识题 / 209

第六节　速记中国历史朝代和历史年代 / 214

第七节　速记历史常识题 / 217

第八节　速记中国所有省市及简称 / 223

第九节　速记国家及首都 / 228

第十节　速记地理常识题 / 242

第七章　高效学习法 / 247

第一节　六大专注力训练方法 / 249
第二节　四大学霸学习法 / 258
第三节　思维导图学习法 / 264

第八章　生活应用 / 271

第一节　速记人名 / 273
第二节　速记扑克牌 / 276
第三节　脱稿演讲 / 281

第一章

重新认识我们的大脑

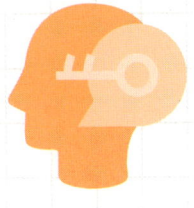

第一节
三大常见大脑记忆误区

> **想一想**
> - "记忆法是歪门邪道,小心走火入魔。"
> - "现在都用手机、电脑,练习记忆有什么用?"
> - "记忆大师只会记数字、记扑克牌。"

你听过上面这些对记忆的评价吗?你同意这样的观点吗?

其实,这些都是大家对记忆的误解。我们每个人都想提升记忆力,可是该怎么提升呢?在开始之前,我们首先要走出认知误区,了解一些关于记忆的基础知识,这样才不会迷惑。

误区一:记忆法就是过目不忘

"你记性这么好,会不会把恋爱中对方犯的错都记住,这样是不是太恐怖了？"

"你是不是看什么都是看一眼就能记住？"

在录制电视节目《幸福来敲门》和《高手在民间》的时候，主持人都曾这样问过我。这样的问题让我哭笑不得，因为我做不到对任何东西都"过目不忘"，我只会去记忆我想记住的东西。

你听过吗，在这个世界上有一种病叫"超忆症"，患这种病的人全球只有几十个人，他们几乎可以准确地回想起过去每一天所发生的事。比如你问他，1996年2月3日那天你做了什么？他可以准确地讲述当天从早到晚所发生的细节，这才是真正的"过目不忘"。

那我们跟他们的记忆区别在哪儿呢？他们的记忆是无意识的自动化记忆，不用刻意就能记住；而我们的记忆像一个App，你需要先去点击它，它才能够运行、发挥作用。

误区二：记忆法是短时间记忆

为什么有些事我们永远不会忘，有些事转头就忘了呢？

根据记忆心理学的定义，记忆分为瞬时记忆、短时记忆和长时记忆。瞬时记忆只能保持几秒钟，短时记忆存续的时间长一点，一般有几分钟。如果我们对要记忆的信息进行先加工再记忆，那就会进入长时记忆，一般可以存续1个小时甚至一辈子。

世界记忆锦标赛中有两个长时项目的比赛，我打破的4项世界纪录都是长时项目。当你用记忆方法去记忆的时候，记忆的内容就会存续很久，就会形成长时记忆。而据我的经验，比赛时的大部分内容，我一般一个星期后都还会记得。所以记忆法不是短时记忆，而是高效的长时记忆。

误区三：手机时代没必要记忆

你会有这样的想法吗？任何信息用手机一搜就能搜到，还需要自己去记吗？记在脑子里不累吗？

其实，我并不赞同这样的观点。

第一，我们不可能在任何情况下都能够查阅电子设备。考试的时候是不允许查看手机的；跟客户谈判的时候你也不可能中途来一句"不好意思，我上网查一下"；直播时大脑突然短路了，你也不可能来一句"我来给大家查一下这个化妆品的成分有哪些"。

第二，大脑不用会生锈，越用会越灵活。长期依赖电子设备会导致我们记忆力衰退，甚至提前患上阿尔茨海默病，也就是老年痴呆症。很多成人觉得自己记忆力越来越不好，大多是因为用脑太少。比如离开学校之后，我们听课是不是不怎么做笔记了，而是习惯用手机拍下来？之后你打开它复习过几次呢？

只有那些记在我们脑子里的知识才是真正属于我们的。

第三，人的竞争归根结底是大脑的竞争。你脑子里的知识越多，你的经验越多，你的竞争力就越强。试想一下，老师抛出一个问题，别人还在翻书或者查手机的时候，你经过大脑搜索立马给出了答案。你觉得老师会更欣赏谁呢？

快问快答

Q 学完记忆法，记忆力就能提升吗？

A 学完之后尽快运用到学习中，记忆力就能快速提升好几倍。就像学习游泳，动作、呼吸你都掌握了，却一直不下水，怎么能学会游泳呢？

Q 记忆力提升了之后是不是记什么都快？

A 经过反复的记忆训练后，记东西会越来越快，也就是我们常说的"脑子越用越灵光"。

Q 用记忆法记完知识之后还要复习吗？

A 记忆法是通过想象、联想去记忆，如果联想的效果好，有可能记一遍就能永远记住。但大部分情况下，我们还是需要做一定的复习。

> Q 记忆法对各行各业都有帮助吗？
>
> A 记忆法不仅教你记忆，更教你如何科学地运用大脑。记忆法能够快速帮助你提升学习效率、工作效率，提高创造力，是你学习、工作和生活的好帮手。

练一练

专注力训练很重要，高效专注力是训练记忆力的基础。下面我们来进行专注力训练，找出下面两幅图中8处不同的地方。

第二节
过目不忘是种病

> **想一想**
>
> - 背东西的时候你为什么背完就忘呢？请仔细思考并列举 3 个你认为记不住的原因。

下面这张图叫作"艾宾浩斯遗忘曲线"。图中显示，我们刚记完东西时，能记住 100%；20 分钟后，就忘记 42% 左右的信息；1 小时之后，就忘记 56% 左右；1 个月之后，我们的大脑所能记住的信息只有 21% 左右。它告诉我们，人人都会遗忘。

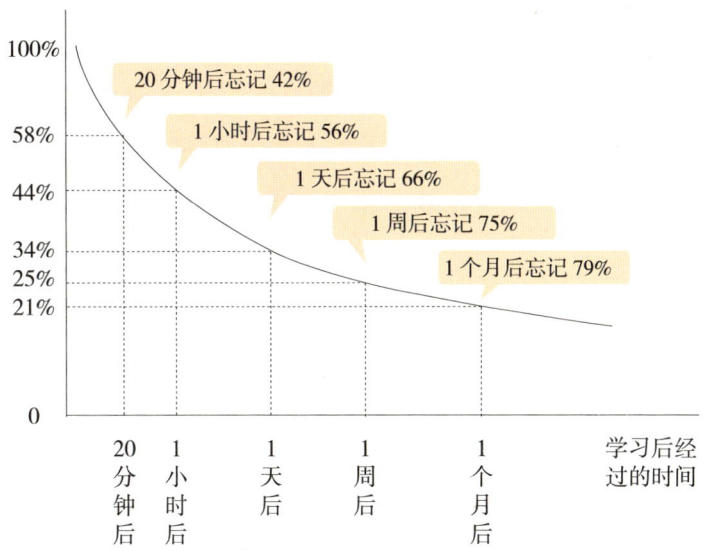

世界上有没有人过目不忘呢？有，他们是一群特殊的人，叫作"超忆症患者"。现在全球范围内已知的超忆症患者也只有60人左右。他们能记住一天中看到的所有事物，从擦肩而过的陌生人到放置在路边的自行车，一个都不会落下。他们可以准确复述自己在过去任意一个时间点的经历。你是不是很羡慕这种能力呢？但其实他们承受着巨大的痛苦，而这种痛苦我们常人无法忍受。

首先，超忆症患者会被动地记住所有事情发生的时间、地点和经过，不管他想不想记住。他没有遗忘的能力，哪怕是悲伤的事情，比如失业、失恋、家人去世，他们也会永远记得所有细节。普通人的记忆模式是主动记忆,我们可以选择只记住自己想记住的事,而忘记那些不愉快的事。所以,拥有遗忘功能的我们是多么幸运啊。

其次,超忆症患者虽然可以毫不费力地记住所有事情,但是因为信息量太大,他们需要花费大量时间去调用自己需要的记忆。

现在看来,你还想拥有这种过目不忘的能力吗?作为普通人,我们要接受大脑会遗忘的现实,要知道记忆和遗忘是相生相伴的。

艾宾浩斯遗忘曲线告诉我们遗忘是常态,这是客观原因,那导致我们记不住的主观原因有哪些呢?

1. 你是记不住还是不去记?

我经常听到有家长说"我家孩子小时候记忆力可好了,上学之后怎么学都记不住",也经常听到有人叹息"上岁数了,记忆力不好了"。

你知道吗,我们大脑中的神经细胞总数会随着年龄的增长而逐渐减少,但有趣的是神经线路会随着年龄的增长而增加。这一事实表明,年龄越大,我们大脑里能够存储的东西越多。那为什么还是会有人觉得自己记忆力越来越差呢?一般有两种原因:第一,记忆方法不对,怎么记都记不住;第二,努力程度不够,没有真正静下来用心去记。

2. 你的记忆方法有效吗?

你知道吗,我们人生的每个年龄阶段需要运用的记忆方法是不一样的。比如,在年轻的时候,人的记忆力是非常好的。在小学阶段,孩子 10 岁以前,学校会教授九九乘法表,这个时期的孩子即便采取死记硬背的方法也可以记得住。但是,到了中学阶段,死记硬背的学习方式就不再灵验了。如果没有注意到这一事实,孩子还是使用死记硬背的学习方法,就会感到非常吃力,此时他们只能哀叹自己记忆力下降,不像小时候那样好了。因此,我们要正确理解自己现在处于哪个阶段,并采取相应的记忆方法。

3. 你的记忆热情还在吗?

你发现了吗,当我们对要记忆的东西抱有浓厚的兴趣时,我们会记得更快。这是为什么呢?

这是因为此时大脑会产生一种叫"θ 波"的脑电波,θ 波有助于记忆。随着年龄的增长,人们日常面对的琐事越来越多,对各种事物的热情也慢慢变淡,θ 波出现的次数也越来越少,记忆力也每况愈下。想要让记忆恢复能量,最好的"维生素"莫过于一颗浓厚的好奇心。让大脑兴奋起来吧,对这个世界永远抱有一颗探索的心,你可能会发现大脑潜藏的无限可能。

 **练一练**

我们来做个小游戏,假设你现在走在路上,看到了路边有几个人:一个人站立着,一个人在跳舞,还有几个人并排站立着。对于这几个人,你印象最深的是哪个?

不出意外的话,跳舞的人最令你印象深刻。这个小实验告诉我们:脑中有图像,让图像动起来,更容易记住。所以,记忆的第一步,锻炼图像感。这也是我们之后会提到的"记忆万能公式"的第一步——出图,后面我将教你如何把要记忆的知识转化成图像,并且让图像动起来。

第三节
四大方法保持大脑活力

> **想一想**
> - 世界上真有超级记忆术吗？
> - 是不是智商越高，记忆力越好？

世界上真有超级记忆术吗？

真的有。

江苏卫视《最强大脑》节目前四季中，有很多能够在短时间内记住大量信息的选手。他们为什么如此厉害呢？因为他们中的很多人都是世界记忆大师，会超级记忆术。

有些读者或许看过我在 CCTV-1 综合频道《挑战不可能》中的挑战，我用 2 分 15 秒的时间记住了 104 张随机打乱的扑克牌的顺序。这个项目挑战最大的难点是要记住每一张牌在哪个位置上，我之所以能挑战成功，也是用了超级记忆术。

超级记忆术是一种魔术吗？

不是的，超级记忆术并不是一种特技，而是一种记忆的方法，并且每个人通过学习和锻炼都能够掌握。很多人错误地将记忆术理解为一种神秘的特技，似乎只有天才才能掌握这种技巧，其实不然。记忆术人人都可以学，普通人通过日常训练也能够拥有，只是必须经过日积月累的练习才能真正掌握。

是不是智商越高，记忆力就越好？

答案是否定的，一个人不一定智商越高，记忆力就越好。任何人只要肯付出努力，都可以掌握记忆的方法和规律，从而提升自己的记忆力。

从下图中我们可以看出，努力程度和学习成果是呈正向关系的。首先得努力，努力到一定阶段，才会逐渐看出学习的效果。达到一定程度之后，学习成果更是会指数级增长。"天才"只不过是那些不够努力的普通人凭空捏造出来的词语，千万不要被蒙蔽。虽然你和所谓的"天才"可能存在一定的差距，但如果继续努力的话总有一天会赶上他们并超过他们。

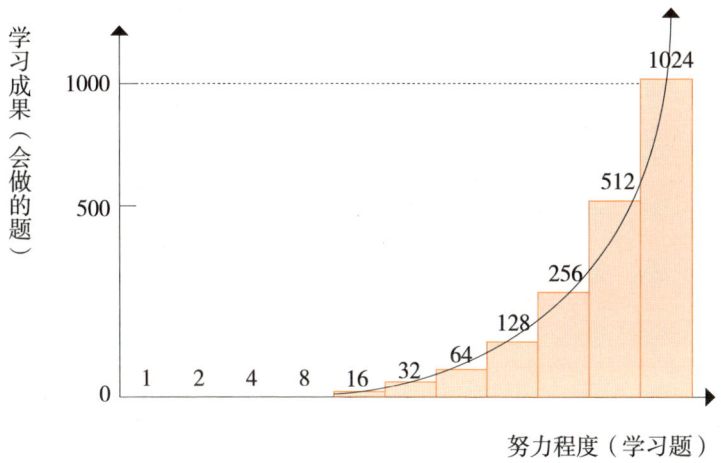

我能够轻松记住很多扑克牌、一长串数字甚至一些看起来毫无关系的东西,也是通过日常不间断的训练才做到的。没有日积月累的练习,我的记忆力也不会这样好。

在这本书之后的章节,我会带着大家逐步体验超级记忆术。那平时我们可以做些什么来保持大脑活力呢?

怎样保持大脑活力?

1. 培养想象力

(1) 多问几个为什么

在生活中,要敢于发现问题、提出问题,遇到不懂的,不妨多问几个为什么,努力思考,让自己的思维变得更活跃。

（2）多参加创造性的活动

具有创造力的人，一定拥有丰富的想象力，多参加一些具有创造性的活动，可以让自己的生活变得更加丰富，让自己的思维变得更加活跃。

2. 保持自信

很多时候，记忆力差是因为我们不够自信。心理学家研究发现，记忆时最重要的是要抱着能够记住的自信与决心。如果没有这样的自信，恐怕再多的脑细胞也不够用。

3. 学会给自己减压

在情绪紧张的情况下，我们的大脑很容易短路，这是因为紧张会抑制记忆的提取。这个时候，学会减压，调节情绪，记忆力就可以快速恢复。所以，考试时心态要放轻松，遇到不会的，别紧张，先放一放，回过头说不定就想起来了。

4. 进行冥想训练

冥想的作用有很多，首先，它可以平衡左右脑。人的大脑分为左脑和右脑，通常情况下，左脑和右脑的使用并不平衡。冥想已经被证明可以平衡两个脑半球。其次，冥想还能够增加大脑的体积。研究发现，大脑的神经具有可塑性，冥想可以使大脑的表面积增大，同时使大脑的运转速度变快，让我们变得更聪明。

 练一练

手指操：一枪打四鸟

右手比画成枪，左手大拇指收拢贴近掌心，其余四只手指竖起，即为四鸟。然后，左手飞速变枪，右手变鸟，左右手飞速交替。速度越快，左右脑使用越平衡。

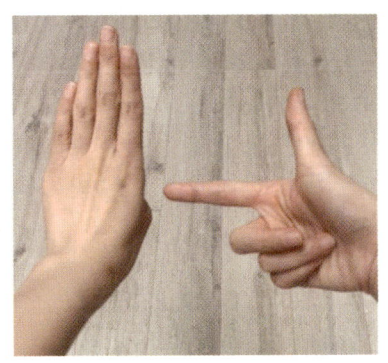

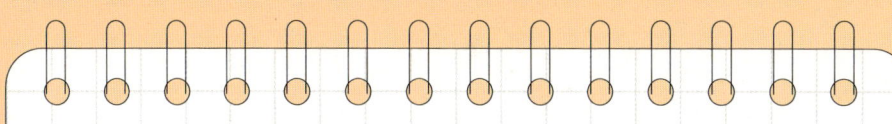

第二章

秒变记忆达人

第一节
开启记忆之门

> **想一想**
>
> ● 请在 30 秒内快速记忆以下 10 个词语。
>   塑料袋　香蕉　垃圾桶　鳄鱼　惊恐　柳树
>   鞋　自行车　石柱　熊猫

故事法

你在记忆上述词语的时候是死记硬背,还是有技巧呢?如果是死记硬背,大概记到第五个词语的时候,你就会有些吃力了,并且可能过一会儿就忘了。记忆随机的词语可以使用故事法,也就是把 10 个词语串成一个小故事。

早上,妈妈拿着一个塑料袋出门买菜。路上她不小心踩到一根香蕉摔倒了，撞到一个垃圾桶，垃圾桶倒了，从里面爬出来一条鳄鱼，她十分惊恐地爬到了一棵柳树上，把鞋脱下来砸鳄鱼。鳄鱼被赶跑后，妈妈赶紧下来骑着自行车逃跑，不小心撞到了一根石柱，从石柱上掉下来一只熊猫。

这个故事是不是很有趣，我猜你已经记住了。请闭眼回忆，测一测你记住这10个词语了吗？

> **想一想**
>
> - 请在1分钟内快速记忆以下10个单词。
>   fan 风扇　panda 熊猫　change 改变
>   chicken 鸡　ham 火腿　dance 跳舞
>   schedule 工作计划　bear 熊　pilot 飞行员
>   jacket 夹克衫

拼音法

英语不是我们的母语，记忆起来可能会力不从心。我们不妨转变一下思路，想想它跟汉语拼音有没有联系？英语单词跟汉语拼音差不多，都是由字母组成，那可不可以用汉语拼音来记英语单词呢？

肯定可以。这么记还很有趣，比如风扇是 fan，饭的拼音也是 fan；字母 c 的形状像吸铁石，s 的形状像龙。

下面用这个方法多记几个单词试试。

单词	拆分	联想	图像
fan 风扇	fan（饭）	用风扇吹饭	
panda 熊猫	pan（盘）da（大）	熊猫的脸盘子很大	
change 改变	chang（嫦）e（娥）	为了嫦娥改变	
chicken 鸡	chi（吃）c（吸铁石）ken（啃）	鸡对着吸铁石左吃右啃	
ham 火腿	ha（二哈）m（麦当劳）	二哈在麦当劳吃火腿	
dance 跳舞	dan（蛋）ce（厕）	蛋在厕所里跳舞	

续表

单词	拆分	联想	图像
schedule 工作计划	s(龙) che(车) du(堵) le(了)	龙的车堵了,所以要改变工作计划	
bear 熊	b(笔) ear(耳朵)	把笔粘在熊的耳朵上	
pilot 飞行员	pi(屁) lot(很多)	飞行员的屁很多	
jacket 夹克衫	jack(杰克) et(外星人)	杰克给外星人穿上夹克衫	

 练一练

Task 1. 请用故事法记忆以下 10 个词语。

钢笔　南瓜　火苗　玻璃　杧果

章鱼　葫芦　月饼　音箱　松鼠

Task 2. 请用拼音法记忆单词。

sushi 寿司

第二节
5分钟速记50位圆周率

> **想一想**
>
> - 请分别在30秒内快速记忆以下两组16个数字。
>
>   第一组：2121669913141001
>
>   第二组：1415926535897932

你发现了吗，我们在记第一组数字的时候比较轻松，因为数字是有规律的，这样看更清晰 2121 6699 1314 1001。而记第二组的时候就有些吃力了，因为它们是无规律的。其实，第二组数字是圆周率小数点后16位。圆周率是一个无限不循环小数，对于无规律的数字死记硬背就行不通了。在记忆10个随机词语的时候我们用到了故事法，那这个方法可以运用到这里来吗？

答案是"可以"。

词语可以转化成对应的图像，那数字呢？也可以。下图是双位数 00～99 和单位数 0～9 的数字所对应的图像，我们把它称作"数字编码表"。

数字编码表

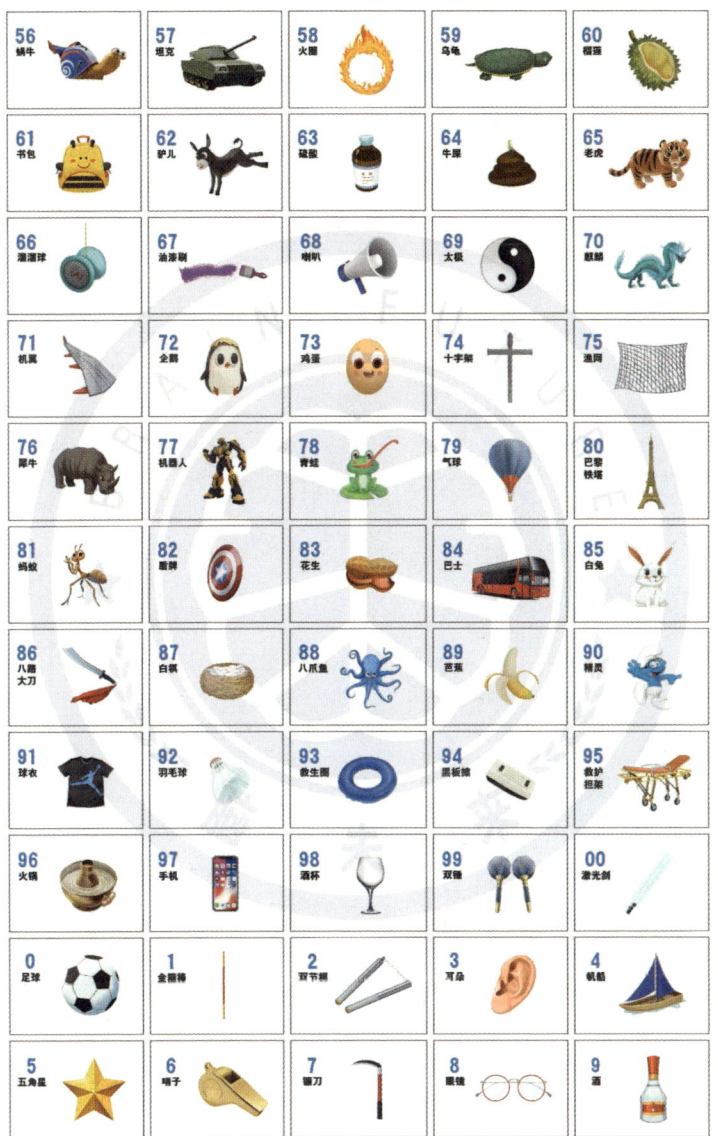

第一步，我们对照数字编码表把圆周率小数点后 50 位数字转化成图像。

3.14 15 92 65 35 89 79 32 38 46 26 43 38 32 79 50 28 84 19 71 69 39 93 75 10

数字	图像	转化原则
14	钥匙	谐音
15	鹦鹉	
92	球儿	
65	老虎	
35	松鼠	
89	芭蕉（香蕉）	
79	气球	谐音
32	扇儿	
38	沙发	
46	石榴	
26	消防栓	26 谐音"河流"，用消防栓喷出河流

续表

数字	图像	转化原则
43	石山	谐音
38	沙发	
32	扇儿	
79	气球	
50	武林高手的筋斗云	50谐音"武林"
28	恶霸	谐音
84	巴士	
19	蛇	19谐音"要救",被蛇咬了要救命
71	机翼	谐音
69	太极盘	外形,白色部分像6 黑色部分像9
39	三角尺	谐音
93	救生圈	
75	欺负人的渔网	75谐音"欺负",用渔网欺负人
10	钢铁侠的手	逻辑,手有10根指头

第二步，我们把这些生动有趣的图像串成一个小故事，这个故事我们分两段来记忆。

从山巅上掉下来一把钥匙，砸到了一只鹦鹉，鹦鹉一惊把脚下的球儿给踢飞了，球儿砸到了一只老虎，老虎"嗷"的一声吓跑了身旁的松鼠，松鼠逃跑的过程中踩到了一根芭蕉，芭蕉"嗖"一下滑出去撞到了一只气球，气球"嘭"的一声爆炸了，从里面飞出来一把扇儿，扇儿飞向了沙发，把上面的石榴给扇飞了，石榴"咚"的一声撞到了消防栓，消防栓开始朝一座石山喷水，把石山上的沙发给冲了下来，沙发上的扇儿滑落扎到了一只气球。

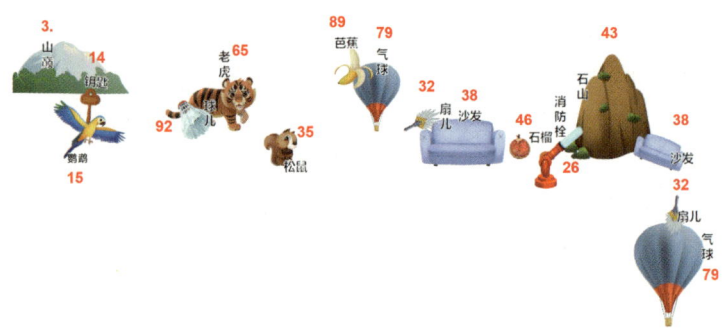

气球被扎破了到处乱窜，撞到了武林高手的筋斗云，云上的恶霸没站稳，掉到了一辆巴士上，巴士里的蛇赶紧逃窜

出来缠到了机翼上，机翼承受不住砸到了太极盘上，太极盘开始旋转，从里面飞出来一把三角尺，它把救生圈扎到了欺负人的渔网上，从渔网里突然伸出来一只钢铁侠的手。

- 小提示：小故事记得越清楚，数字回忆得越快。

 练一练

请在下面横线处填上正确的数字。

3.14 ＿＿ 92 65 35 ＿＿ 79 ＿＿ 38 46 26 ＿＿ 38 32 ＿＿

50 ＿＿ 84 19 71 ＿＿ 39 93 75 ＿＿

第三节
《三十六计》倒背如流

> **想一想**
> - 你知道《三十六计》都有哪些计谋吗?
> - 你能快速说出《三十六计》中第二十二计是什么吗?

《三十六计》是中国古代三十六个兵法策略,它是根据中国古代军事思想和丰富的斗争经验总结而成的兵书,是中华民族悠久的非物质文化遗产之一。

三十六计

1	瞒天过海	10	笑里藏刀	19	釜底抽薪	28	上屋抽梯
2	围魏救赵	11	李代桃僵	20	浑水摸鱼	29	树上开花
3	借刀杀人	12	顺手牵羊	21	金蝉脱壳	30	反客为主
4	以逸待劳	13	打草惊蛇	22	关门捉贼	31	美人计
5	趁火打劫	14	借尸还魂	23	远交近攻	32	空城计
6	声东击西	15	调虎离山	24	假途伐虢	33	反间计
7	无中生有	16	欲擒故纵	25	偷梁换柱	34	苦肉计
8	暗度陈仓	17	抛砖引玉	26	指桑骂槐	35	连环计
9	隔岸观火	18	擒贼擒王	27	假痴不癫	36	走为上计

在记忆的时候，我们需要记忆数字和文字两个信息。那我们就需要两步走：第一步，把数字和文字分别转化成图像；第二步，把两个图像联想成一个小故事。这个故事可以是夸张的、奇怪的或者异想天开的。

在第一步中,把数字转化成图像,需要用到数字编码表。

数字编码表

第二步，联想记忆。

01	瞒天过海	联想
大树	瞒着天漂过大海	你抱着大树瞒着天漂过大海
02	围魏救赵	联想
大黄鸭	围住魏国救赵国	一群大黄鸭把魏国包围住了，解救了赵国
03	借刀杀人	联想
伞	借别人的刀杀人	你打着伞，借了别人的刀在伞下偷偷杀人
04	以逸待劳	联想
红旗	养精蓄锐等待劳累的敌人	你靠着红旗养精蓄锐，等待劳累的敌人
05	趁火打劫	联想
钩子	趁失火打劫别人家的财物	你趁别人家失火的时候用钩子钩走了别人家的财物
06	声东击西	联想
勺子	声言要攻打东面，其实是攻打西面	你用勺子敲了敲冬瓜（东），又敲了敲西瓜（西）

续表

07	无中生有	联想
钉耙	本来没有却硬说有	猪八戒本来没有钉耙却硬说自己有
08	暗度陈仓	联想
葫芦	暗暗度过陈仓这个地方	你蜷缩在葫芦里暗暗度过了陈仓这个地方
09	隔岸观火	联想
电蚊拍	隔着岸看对岸失火	你隔着岸看到对岸失火的时候,有蚊子咬你,你用电蚊拍拍蚊子
10	笑里藏刀	联想
手	脸上挂着笑容,心中藏着杀人的尖刀	你奸笑着用手偷偷往袖子里藏了一把刀
11	李代桃僵	联想
筷子	李树代替桃树而死	你用一双巨大的筷子把一棵李树连根夹起,它是替桃树而死的

续表

12	顺手牵羊	联想
婴儿	顺手把人家的羊牵走	婴儿爬出去玩,顺手把人家的羊牵走了
13	打草惊蛇	联想
听诊器	打草惊动了藏在草里的蛇	你用听诊器拍打草的时候,惊动了藏在草里的蛇
14	借尸还魂	联想
钥匙	借助尸体而复活	你用钥匙激活了一个尸体,你借助这个尸体而复活
15	调虎离山	联想
鹦鹉	设法使老虎离开原来的山冈	鹦鹉用嘴巴把老虎叼离了原来的山冈
16	欲擒故纵	联想
仙人球	想要捉住他,故意先放走他	你把一盆(16—溜一溜刺的)仙人球放在钢琴(擒)上,故意吃起了粽(纵)子

续表

17	**抛砖引玉**	**联想**
仪器	抛出砖去，引回玉来	你往仪器里抛进去一块砖，结果蹦出来一块玉
18	**擒贼擒王**	**联想**
泥坛	捉坏人要先捉住坏人头头	你捉坏人的时候用泥坛死死套住了坏人头头
19	**釜底抽薪**	**联想**
蛇	把柴火从锅的底下抽出来	蛇用尾巴把柴火从锅的底下抽出来
20	**浑水摸鱼**	**联想**
摩托车	把水搅浑，鱼晕头转向，乘机摸鱼	你把摩托车开进水塘里，把水搅浑，鱼晕头转向，你乘机摸鱼
21	**金蝉脱壳**	**联想**
鳄鱼	蝉变为成虫时脱去一层壳	鳄鱼张大嘴咬住了一只蝉，此时蝉脱去外壳迅速逃走

续表

22	关门捉贼	联想
双头龙	关起门来才能捉住进来的小偷	双头龙关上门捉住小偷
23	远交近攻	联想
一休	联络距离远的国家，进攻邻近的国家	一休联络远方国家的小和尚，进攻邻近国家的小和尚
24	假道伐虢（guó）	联想
盒子	借道路讨伐虢国	你抱着一盒子财宝向别人借道路讨伐虢国
25	偷梁换柱	联想
电锯	偷走房梁，换掉柱子	你用电锯把房梁和柱子都锯断了
26	指桑骂槐	联想
消防栓	指着桑树骂槐树	你用消防栓朝桑树喷水，其实你想喷的是槐树

续表

27	假痴不癫	联想
耳机	假装痴呆，实际并不疯癫	你戴上耳机假装痴呆，实际并不疯癫
28	上屋抽梯	联想
恶霸	送人家上屋之后抽走梯子	恶霸用梯子送你上屋之后抽走梯子
29	树上开花	联想
恶狗	树上本来没有花，用假花点缀	恶狗爬上树，往秃秃的树上衔了很多假花
30	反客为主	联想
毛毛虫	客人反过来成为主人	（30 森林里的）毛毛虫去你家做客，它却反过来成为主人
31	美人计	联想
鲨鱼	用美人引诱人上当	鲨鱼吞下了一个美人，自己变成美人，引别人上当

续表

32	空城计	联想
扇儿	掩饰城内空虚,骗过对方	你用扇儿扇风,把整座城都扇空了
33	反间计	联想
钻石	利用敌人的间谍把假情况告知敌人内部,使之不团结	你把(33 闪闪的)钻石送给敌人的间谍
34	苦肉计	联想
领结	自己伤害自己以蒙骗他人	你用(34 绅士的)领结假装鞭打自己,蒙骗他人
35	连环计	联想
松鼠	几个计谋连在一起,一旦中了一个计等于中了所有计	松鼠在表演杂技,跳过了一个圆环又一个圆环
36	走为上计	联想
山鹿	遇到强敌或陷于困境时先避开	山鹿遇到敌人打不过,先逃走了

 练一练

挑战一：正背《三十六计》。

挑战二：倒背《三十六计》。

挑战三：点背《三十六计》。

• 小发现：如果你已经会正背了，你会发现不需要复习就可以做到倒背和点背，真正做到一举三得！

第三章

最强大脑记忆法

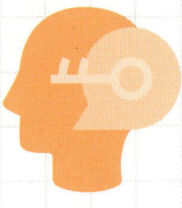

第一节
记忆万能公式

> **想一想**
>
> ● 请在一分钟内快速记忆以下20个词语。
>
> 篮球　飞机　墨水　阿姨　俄罗斯　蔬菜　河流
> 美人　电影院　皮球　老鹰　危机　猪八戒　卫星
> 经济　奥运会　可口可乐　水杯　跳舞　飞扬

在记10个随机词语的时候，我们用到了故事法，那记20个词语呢？当然也可以用，只要你编故事的速度足够快。但是如果是记忆50个词语、100个词语，那编故事就不免有些吃力了，那怎么办呢？

解数学题有公式，套用公式就可以解出题目。而记忆也有一个公式，叫作"记忆万能公式"。

记忆万能公式 = 出图 + 联结 + 定桩

套用这个公式就能记住所有信息。出图是指想象出图像，把任何要记忆的信息都转化成图像；联结是指让图像之间产生关联，可以编个小故事，这样就可以把不同的信息紧密联结到一起；定桩是指把图像固定到桩子上，这个"桩"就是记忆和回忆的线索。

接下来，我们套用记忆万能公式来记忆上面"想一想"中的 20 个词语。

1. 出图

看到"篮球"这样的词语我们立刻就能想象到它的样子，但是遇到"俄罗斯""危机""经济"这三个词语的时候就有些难度了。这时候我们可以用把抽象词转换为形象词的方法。

俄罗斯——俄罗斯套娃（代替法）

危机——喂鸡（谐音法）

经济——金鸡（谐音法）

2. 联结

	图像	联想
1	篮球 + 飞机	你把手里的篮球砸向飞机，飞机上被砸出一个圆坑
2	墨水 + 阿姨	你把红色的墨水泼到了阿姨身上，把她的衣服都染红了
3	俄罗斯套娃 + 蔬菜	你打开俄罗斯套娃，发现里面藏着一筐蔬菜
4	河流 + 美人	你看到河流里有一个美人在游泳
5	电影院 + 皮球	你去电影院的时候看到从里面滚出来一个皮球
6	老鹰 + 喂鸡	老鹰在喂鸡
7	猪八戒 + 卫星	猪八戒用钉耙把卫星耙碎了
8	金鸡 + 奥运会	金鸡扛着奥运五环去参加奥运会
9	可口可乐 + 水杯	你把可口可乐倒进水杯里
10	跳舞 + 飞扬	你跳舞的时候头发飞扬了起来

3. 定桩

首先,我们选择一个房间,在里面找 10 个物体,作为 10 个桩子。

1.沙发;2.台灯;3.电视;4.电视柜;5.门;6.衣柜;7.床头凳;8.床;9.壁画;10.床头柜。

然后,我们把第二步的 10 组图像依次定到桩子上,也就是让图像与桩子之间产生联系。这一步需要发挥你天马行空的想象力。

	桩子	联想定桩
1	沙发	沙发上有一架飞机,你把手里的篮球砸向了飞机
2	台灯	台灯上站着一个阿姨,你把红色的墨水泼向她,台灯都被染红了
3	电视	你从电视里掏出来一个俄罗斯套娃,打开发现里面藏着一筐蔬菜
4	电视柜	电视柜上有一条流淌的河流,你看到河流里有一个美人在游泳
5	门	你打开门走进一家电影院,突然从里面滚出来一个皮球
6	衣柜	你拉开衣柜,看到有一只老鹰在喂鸡
7	床头凳	猪八戒站在床头凳上,用钉耙把卫星耙碎了
8	床	床上在举办奥运会,金鸡扛着奥运五环来参加奥运会
9	壁画	壁画上粘着一个水杯,你把可口可乐倒进水杯里
10	床头柜	你在床头柜旁跳舞,头发都飞扬了起来

定桩完成之后,请尝试根据房间回忆20个词语。

 **练一练**

请用记忆万能公式记忆以下 10 个词语。

话筒 南瓜 火苗 玻璃 章鱼

音箱 松鼠 月饼 火箭 榴梿

- 小提示:

第一步,出图。

请在脑中想象出每个词语的图像。

第二步,联结。

请将图像两两联结,形成 5 组图像。示例:你把话筒插进南瓜里。

第三步,定桩。

在你的房间里按顺序找 5 个物体,作为 5 个桩。然后将第二步中的 5 组图像定到 5 个桩上。

第二节
出图——让你拥有超凡的想象力

> **想一想**
> - 给你一个字"白",你会联想到些什么呢?
> - 再给你一个字"智",你又会联想到些什么呢?

字的出图

看到"白",我们会联想到白色的东西,比如白羊、白云、白兔、白头发、白菜……

看到"智",我们会联想到智能机器人、智能手机、智能卡、《水浒传》里的智多星吴用、智齿……

词的出图

你能想象出以下三个词语的图像吗?

高楼、果实、和尚。

以上这类词被称作"具象词",因为看到它们,我们立刻能在脑子里想象出具体的图像。而有些词就不太一样,比如下面这些词,简单、供给、和平,这类词被称作"抽象词"。我们如何把它们转化成图像呢?记住一个四字小口诀——**鞋带忘赠**。

这是什么意思呢?

"鞋"是指谐音法;

"带"是指代替法;

"忘"是指望文生义法；

"赠"是指增减倒字法。

用这四种方法，可以把所有的抽象词转化成具象词，这样出图就变得简单了。

1. 谐音法

简单——煎蛋

供给——公鸡

知识——芝士

危机——喂鸡

华美——话梅

2. 代替法

北京——北京天安门

主持——主持人撒贝宁

和平——和平鸽

正义——正义的军人

俄罗斯——俄罗斯套娃

3. 望文生义法

体会——体育老师开会

剑兰——剑砍兰花

抽象——抽出大象

危机——微型计算机

学问——学生提问

4. 增减倒字法

安全——安全帽

拉斐尔——拉菲

规律——绿龟

数字的出图

数字的出图在第二章我们已经接触过了,以下这三种方法就能把所有数字转化成图像。

1. 外形转化法

02——大黄鸭

07——钉耙

08——葫芦

2. 谐音转化法

12——婴儿

15——鹦鹉

63——硫酸

3. 逻辑转化法

10——手（人有10根手指头）

61——书包（六一儿童节）

96——火锅（酒楼里的火锅）

字母的出图

字母也可以像数字一样转化成图像。

举例:

单词	拆分	联想
pink 粉色	pin（拼）+ k（跷跷板）	我拼了一个粉色的跷跷板
onion 洋葱	on（上面）+ i（蜡烛）+ on（上面）	洋葱上面有个蜡烛，蜡烛上面还有个洋葱

颜色的出图

1. 红色

草莓　　　櫻桃

2. 黄色

柠檬　　　梨

3. 绿色

黄瓜　　　　西兰花

4. 紫色

李子　　　　葡萄

举例：

▲ 印度尼西亚国旗

颜色转化	联想
红色：红色的印泥 白色：牙齿	大夫拿着印泥盖在我的牙上，上面一排印红了，但下面一排的牙还是白色的

通过上述训练，我们可以发现万事万物皆可出图，把枯燥无味的信息转化成图像后，记忆的速度真的是翻了好几倍，记忆的过程也有趣多了。你肯定没想到吧，训练记忆力居然还能让你拥有超凡的想象力。

练一练

请将以下词语转化成图像。

宏观、平衡、放大、钉子户、经济

第三节
联结——不再遗忘的秘诀

> **想一想**
>
> - 用下面的词语组成一个句子。
>   新鲜　电动车　妈妈　牛肉　昨天
>   高跟鞋　超市

可以组成这样的句子：昨天，妈妈穿着高跟鞋，骑着电动车去超市买了新鲜的牛肉。

你发现了吗，以上词语本身是孤立存在的，但是如果让它们之间产生联系，就可以很轻松地记住。我们把这种联系称作"联结"。这就好比你用手去握几十粒零散的珍珠，很可能只握得住几个，但是如果把它们串成一串珍珠项链，你就能一下子握住它了。所以，只要能把联结这个环节训练好，你可以做到不再遗忘。

我们平时要记忆的文字类信息偏多,所以我们以词语为例来进行联结训练。词语的联结分为两种:两个词语的联结和两个以上词语的联结。两个词语的联结,我们用配对联想法;两个词语以上的联结,我们用故事法和串字法。

配对联想法

配对联想有三个小方法:主动出击、媒婆牵线、合二为一。我们通过以下案例来理解。

筷子——松鼠	
主动出击	筷子夹起松鼠 松鼠拿筷子吃饭 松鼠用尾巴卷起筷子
媒婆牵线	松鼠用刀(媒介/媒婆)做了一双筷子
合二为一	松鼠把筷子绑在脚上当高跷踩

	灯泡——扫帚
主动出击	把灯泡扔向扫帚,结果摔碎了 把灯泡塞进扫帚里 用灯泡在扫帚上摩擦,让它生电 用扫帚扫地上的灯泡
媒婆牵线	哈利·波特(媒介/媒婆)骑着扫帚,手里举着一个灯泡 爱迪生(媒介/媒婆)发明出灯泡之后被扫地出门
合二为一	把灯泡安在扫帚的手柄最上端,扫帚一扫地,灯泡就亮起来

	荷花——小狗
主动出击	小狗跳到荷花上 小狗吃荷花 荷花盖住小狗
媒婆牵线	小狗追一根骨头(媒介/媒婆),骨头滚到了荷花上,荷花谢了之后结出了莲蓬(媒介/媒婆),小狗剥莲蓬吃

续表

荷花——小狗	
媒婆牵线	荷花宝座上坐着一个佛陀（媒介/媒婆），手里抱着一只小狗
合二为一	小狗穿着用荷花花瓣做的衣服

故事法

案例1：随机词语

松鼠、泥罐子、钥匙、鸭子。

故事：松鼠举起一个泥罐子，从里面倒出来一把钥匙，钥匙砸到了鸭子的脑袋，鸭子疼得嘎嘎叫。

案例2：老舍先生的八部话剧代表作

《残雾》《春华秋实》《龙须沟》《茶馆》《女店员》《方珍珠》《神拳》《全家福》。

故事：早晨起床，你推开门，看到空气中飘着一片残缺的雾。你边走边把雾吹散，看到一朵春天的花开出了秋天的果实。一条龙从天而降吃了果实,胡须不小心掉到了你面前的沟里。你跨过这条沟,去一家茶馆喝茶。门口有一个女店员迎接你,她手里捧着一颗方珍珠。你走进去看到一个人在打神拳,不小心把墙上的全家福给打碎了。

《残雾》　《春华秋实》　《龙须沟》　《茶馆》

《女店员》　《方珍珠》　《神拳》　《全家福》

串字法

案例1:出门需随身携带的物品

物品	身份证	手机	钥匙	充电宝	钱包
取字并转化	伸	手	要	点	钱
串字	伸手要点钱				

案例 2:"唐宋八大家"

人物	韩愈	柳宗元	欧阳修	苏洵	苏轼	苏辙	王安石	曾巩
取字并转化	寒	流	羊		三叔		石	拱
串字	一股寒流把骑羊的三叔吹到了石拱桥上							

练一练

请用串字法记忆秦国实现统一先后灭的六个国家。

韩国、赵国、魏国、楚国、燕国、齐国

第四节
定桩——让你记忆效率倍增的记忆宫殿

> **想一想**
>
> - 你能快速记住每个月份对应的花名吗?
>
> **《十二月花名歌》**
>
> 正月山茶满盆开,二月迎春初开放。
> 三月桃花红十里,四月牡丹国色香。
> 五月石榴红似火,六月荷花满池塘。
> 七月茉莉花如雪,八月桂花满枝香。
> 九月菊花姿百态,十月芙蓉正上妆。
> 冬月水仙案上供,腊月寒梅斗冰霜。

你知道记忆宫殿吗？

记忆宫殿源于一个古希腊传说。古希腊有一位名叫西蒙尼戴斯的诗人，他有一次在一个宴会厅里演讲诗词，后来被两位神仙叫了出去，当他一出去，宴会厅突然倒塌，里面的宾客全部被砸死，尸体面目全非，难以辨认。西蒙尼戴斯根据每个宾客的位置，回忆并认出了每位死者，并带领他们的家属认领尸体。从此，他便发明了记忆宫殿法。记忆宫殿的方法一直鲜为人知，只有少数贵族掌握着，他们不予外传。

在本章第一节，我们记 20 个随机词语的时候用到了一个卧室，在卧室里找了 10 个物体。这个卧室就被称为一个记忆宫殿，卧室里的 10 个物体就是桩子。定桩的意思是把要记忆的内容定到桩子上，让它们跟桩子一样排得整整齐齐，防止记漏、记混。

出图

意思是把每种花转化成图像。由于花的种类繁多、颜色各异，全部想象出来之后容易混淆，而且有些花我们并不熟悉，所以此处会用到"出图"那节中的一些方法进行转化。

花名	山茶	迎春	桃花	牡丹	石榴花	荷花
图像	山上长满茶叶	硬硬的春卷	桃子	仙丹	圆圆的石榴	粉色的荷花
花名	茉莉	桂花	菊花	芙蓉	水仙	寒梅
图像	墨水里的梨	桂圆	橘子	福字融化	水上的仙人	梅花或煤球

定桩

就是把 12 种花的图像分别定到 12 个桩子上。

1. 数字桩法

因为 1~12 月就是 1~12 的数字,从数字会联想到数字编码表,所以 1~12 的数字密码图像就是天然的桩子。

数字桩	花名图像	联想定桩
01 大树	山上长满茶叶	大树顶上有座山，山上长满了茶叶
02 大黄鸭	硬硬的春卷	大黄鸭在吃硬硬的春卷
03 伞	桃子	伞下掉下来很多桃子
04 红旗	仙丹	你把红旗插在仙丹上
05 钩子	圆圆的石榴	你用钩子钩起一个圆圆的石榴
06 勺子	粉色的荷花	你用勺子从河里舀起一朵粉色的荷花
07 钉耙	墨水里的梨	你用钉耙去耙墨水里的梨
08 葫芦	桂圆开花	你从葫芦里倒出来很多桂圆，它们还开着花

续表

数字桩	花名图像	联想定桩
09 电蚊拍	橘子开花	你用电蚊拍拍打开花的橘子
10 手	福字融化	你双手捧着一个福字,它慢慢融化了
11 筷子	水上的仙人	你用筷子把水上的仙人夹了起来
12 婴儿	梅花或煤球	婴儿摘下一朵梅花或 婴儿抓起一块煤球

2. 地点桩法

首先,准备一个记忆宫殿,在里面找到 12 个地点作为桩子。然后,把 12 种花的图像分别定到这 12 个桩子上。

地点桩	花名图像	联想定桩
1 大理石台	山上长满了茶叶	大理石台上有座山，山上长满了茶叶
2 窗帘	硬硬的春卷	你往窗帘上粘上一个个硬硬的春卷
3 立体装饰	桃子	你把手里的桃子砸向地上的立体装饰
4 窗户	仙丹	你把仙丹整齐地粘在窗户上
5 窗台	圆圆的石榴	你在窗台上晒上一个个圆圆的石榴
6 小茶几	粉色的荷花	小茶几上长出来一朵大大的粉色的荷花
7 靠垫	墨水里的梨	你用靠垫捂住墨水里的梨
8 大茶几	桂圆	大茶几上放着一盘桂圆
9 灯	橘子	你一开灯，从灯里掉下来一个橘子
10 大沙发	福字融化	大沙发上放着一个福字，它正在融化

续表

地点桩	花名图像	联想定桩
11 书架	水上的仙人	书架顶上有一汪清水,上面站着一个仙人
12 盆栽	梅花或煤球	盆栽里开满了梅花或盆栽里堆满了煤球

记忆宫殿有很多种,除了刚才用到的数字桩法和地点桩法,还有身体桩法、人物桩法、物体桩法等。记忆宫殿用途非常广,可以说是最好用、威力最大的记忆方法了。

练一练

请选用数字桩法或者地点桩法记忆12个月所对应的花名。

第四章

诗词文章轻松记

第一节
用身体桩法记《满江红》

> **想一想**
>
> - 当遇到一篇必背文章时,你是如何记忆的呢?
>   1. 上来就反复读背。
>   2. 仔细理解了文章的意思再背。
>   3. 仔细理解了文章意思后再运用快速有效的方法来背。

采取第一种做法是常见的死记硬背,一般效果不佳。

采取第二种方法,说明你已经明白了要在理解的基础上进行记忆。理解记忆也是记忆方法的一种,效果更好,记忆的留存也更长久。

如果采取第三种方法,那么问题在于什么才是快速有效的方法呢?

想要实现快速记忆，建议遵循四个步骤——理解、熟读、取关键字、记忆，我把它称为"记忆四步法"。

第一步，理解文章。理解是记忆的前提，只有理解了，才能更深刻地感知它。

第二步，熟读。把文章读通读顺，背诵的时候才更顺畅；同时熟读的过程中也能对文章产生新的理解。

第三步，取关键字。记文章的核心是记忆关键信息，打个比方，我们记的关键信息就像人的骨架，先把骨架搭起来，整个人才算立住了，然后再往上"填血加肉"。

第四步，记忆。这个时候就需要有记忆法的加持了，有了它，我们就可以记得快、记得牢。

这一章节我们按照这个步骤来记忆《满江红》，第四步我们使用身体桩法来记忆。

满江红

［宋］岳飞

怒发冲冠，凭栏处、潇潇雨歇。抬望眼，仰天长啸，壮怀激烈。三十功名尘与土，八千里路云和月。莫等闲、白了少年头，空悲切！靖康耻，犹未雪。臣子恨，何时灭？驾长车、踏破贺兰山缺！壮志饥餐胡虏肉，笑谈渴饮匈奴血。待从头、收拾旧山河，朝天阙！

1. 理解

怒发冲冠,凭栏处、潇潇雨歇。

我怒发冲冠登高倚栏杆,一场潇潇急雨刚刚停歇。

抬望眼,仰天长啸,壮怀激烈。

抬头放眼四望辽阔一片,仰天长声啸叹,壮怀激烈。

这两句写岳飞看到那已经收复却又失掉的国土,想到了重陷水火之中的百姓,义愤填膺,所有的愤怒只能对着天空发泄。

三十功名尘与土,八千里路云和月。

三十年勋业我视作尘土,征战千里披星戴月。

莫等闲、白了少年头,空悲切!

莫虚度年华白了少年头,只有独自悔恨,悲悲切切!

这两句写岳飞把三十多年的功与名看作尘土,一心只想收复中原。他不想浪费青春,留下遗憾。

靖康耻,犹未雪

靖康年的奇耻尚未洗雪;

臣子恨,何时灭?

臣子的愤恨何时才能泯灭。

驾长车、踏破贺兰山缺!

我只想驾驭着一辆辆战车踏破贺兰山敌人的营垒。

壮志饥餐胡虏肉,笑谈渴饮匈奴血。

胸怀壮志,饿了就吃敌军的肉,渴了就喝敌军的血。

待从头、收拾旧山河，朝天阙！

我要从头彻底地收复旧日河山，再回京阙向皇帝报捷。

这几句再次表达了岳飞收复山河的愿望以及对胜利的渴望和信心，抒发了他对朝廷和皇帝的赤胆忠心。整首词慷慨壮烈，无不显示出一种浩然正气。

2. 熟读

读到顺畅、熟练、不卡壳，尽量做到提醒一两个字就能将这句复述出来。

3. 取关键字（见下表）

关键字词是我们需要记忆的文章的"骨架"，记文章主要就是记忆关键字词。一般选择每句中的名词，但我们也会发现，卡壳的时候往往提醒第一个字我们就能想起来这句，这种情况下我们也可以取前几个字作为关键字。取关键字的多少一般取决于熟读的程度，读得越熟，取的关键字越少；读得不熟，就需要多取一些关键字进行记忆了。

4. 记忆

为了方便记忆，把整篇文章分为9句。因为要用的是身体桩法，所以可以在身体上依次选取9个部位作为桩子。

1. 头发
2. 眼睛
3. 耳朵
4. 鼻子
5. 嘴巴
6. 脖子
7. 肩膀
8. 肚子
9. 屁股

然后,把关键字进行转化,定到身体桩上。此处需要发挥你天马行空的想象力。

关键字	出图	联想定桩
怒发,栏	愤怒得头发立了起来,栏杆	你站在栏杆旁,愤怒得头发都立了起来
抬望眼,长啸	抬起眼睛,长啸怒吼	你抬起眼睛,长啸怒吼
尘与土,云和月	灰尘泥土,白云月亮	你从一只耳朵里掏出来尘土,又从另一只耳朵里掏出来白云和月亮

续表

关键字	出图	联想定桩
莫，白	摸，变白了	你手上沾了白灰，一摸鼻子，鼻子就变白了
靖，雪	进去，雪	你往嘴巴里塞进一坨雪
臣子	橙子	你在脖子上挂了一串橙子
驾长车	驾着长长的马车	有一个小人在你的肩膀上架着长长的马车，从一个肩膀延伸到另一个肩膀
壮，肉，笑，血	壮士吃肉，笑着喝血	你这个壮士摸着自己的肚子，边大口吃肉，边笑着喝血
待	袋子	你一屁股坐到袋子里

 练一练

如果你觉得直接记《满江红》有一点难度,那可以先用身体桩法来记一记十二星座。

身体桩	星座	联想定桩
头发	白羊座	你的头发变成了一卷一卷的白羊毛
眼睛	金牛座	你的眼睛像牛一样发着金光
耳朵	双子座	两个孩子在拉扯你的两只耳朵
鼻子	巨蟹座	一只巨大的螃蟹夹住了你的鼻子
嘴巴	狮子座	你张开嘴巴展示狮吼功
脖子	处女座	一个小女孩搂着你的脖子
肩膀	天秤座	你的两个肩膀上分别架着两杆秤
肚子	天蝎座	一只蝎子钻进了你的肚子里
屁股	射手座	一个射手往你屁股上射了一箭
膝盖	摩羯座	你在膝盖上用绳子打了一个有魔法的结
小腿	水瓶座	你的小腿像水瓶一样细
脚	双鱼座	你把脚踩在两条鱼上滑了出去

第二节
用数字桩法记《陋室铭》

> **想一想**
> - 你能背出刘禹锡的任意一首古诗吗?
> - 你知道刘禹锡是在什么情况下写下的《陋室铭》吗?

刘禹锡一生中有23年都在被贬官当中度过,但即便如此也没有影响他积极乐观的心态。他曾经参加了一场革新运动,革新失败后,就被贬到了安徽和州县当刺史。和州知县见了他就故意刁难他,先安排他在城南面江而居,刘禹锡不但无怨言,反而很高兴,还随意写下两句话贴在门上:"面对大江观白帆,身在和州思争辩。"和州知县知道后很生气,吩咐衙里差役把他的住处从县城南门迁到县城北门,房屋由原来的三间减少到一间半。

新居位于德胜河边,附近垂柳依依,环境也还可心,刘禹锡仍不计较，又在门上写了两句话："垂柳青青江水边，人在历阳心在京。"那位知县见其仍然悠闲自乐，又再次派人把他调到县城中部，只给他安排了一间只能容下一张床、一张桌子和一把椅子的小屋。

半年时间，知县强迫刘禹锡搬了三次家，房子一次比一次小，最后一次仅是斗室。刘禹锡还是满不在乎，提笔写下这篇《陋室铭》来表明自己安贫乐道的心志，并请人刻上石碑，立在门前。这些被刻在石碑上的文字就叫作"铭文"。

陋室铭

[唐] 刘禹锡

山不在高，有仙则名。水不在深，有龙则灵。斯是陋室，惟吾德馨。苔痕上阶绿，草色入帘青。谈笑有鸿儒，往来无白丁。可以调素琴，阅金经。无丝竹之乱耳，无案牍之劳形。南阳诸葛庐，西蜀子云亭。孔子云：何陋之有？

记文章遵循记忆四步法：理解，熟读，取关键字，记忆。

1. 理解

山不在高，有仙则名。
山不在于高，有仙人居住就有盛名。

水不在深,有龙则灵。

水不在于深,有蛟龙潜藏就显示神灵。

斯是陋室,惟吾德馨。

这虽然是间简陋的小屋,但我品德高尚、德行美好。

这几句以比兴的手法,表明自己的贤德不会因为住的地方简陋而受到一丝一毫的影响。反而自己的"贤"还给这儿的环境增添了不少生机。

苔痕上阶绿,草色入帘青。

苔痕布满阶石,一片翠绿;草色映入帘栊,满室葱青。

谈笑有鸿儒,往来无白丁。

往来谈笑的都是饱学多识之士,没有一个浅薄无识之人。

可以调素琴,阅金经。

可以弹未加彩饰的琴,可以阅读佛经。

无丝竹之乱耳,无案牍之劳形。

没有嘈杂的音乐使耳朵被扰乱,没有官府的公文使身体劳累。

这几句虽写与朋友的交往,但也显示了作者身份的高贵和性情的高雅。

南阳诸葛庐,西蜀子云亭。

南阳有诸葛亮的草庐,西蜀有扬雄的玄亭。

孔子云:"何陋之有?"

正如孔子说的:"有什么简陋之处呢?"

这句话出自《论语》，孔子想要住在偏远的地方。有人说："那里很简陋，怎么办呢？"孔子说："有德行的人居住在那里，有什么简陋的呢？"刘禹锡把自己的陋室比作诸葛孔明的南阳草庐、汉赋大家扬雄的成都宅第，意在自慰和自勉。引用孔子的"何陋之有"，则说明自身的志趣与圣人之道相符合。

2. 熟读

读到顺畅、熟练、不卡壳，尽量做到提醒一两个字就能将这句复述出来。

3. 取关键字（见下表）

一般取每句中的名词，也可以取前几个字作为关键字。

4. 记忆

为了方便记忆，我们把整篇文章分为 9 句。因为要用到数字桩法，所以我们按顺序选 9 个数字作为桩子。数字 01~36 我们用来记忆《三十六计》了，所以可以往后顺延，选择 37~45 或者 41~49，这里我们选取 4 开头的数字段。

41	司仪的话筒 🎤	46	石榴 🎃
42	柿儿 🍅	47	司机的方向盘 🎯
43	石山 ⛰	48	石板
44	狮狮 🦁	49	死囚的笼子
45	师父的袈裟		

此处需要发挥你天马行空的想象力。

关键字	出图	联想定桩
山，仙	山上，仙人	山上站着一位仙人拿着话筒在讲话
水，龙	流水，龙	你把柿儿扔进水里，砸到了一条龙
斯，惟	撕，围巾	你被压在了石山上，你生气得把围巾撕碎了
苔，草	苔藓，绿草	狮狮趴在苔藓上吃草
谈笑，白丁	说说笑笑，白色的钉子	师父穿着袈裟说说笑笑，嘴里吐出很多白色的钉子

续表

关键字	出图	联想定桩
素琴，金经	古琴，发光的佛经	你把石榴摆在古琴上，照着发光的佛经弹琴
丝竹，案牍	竹子，竹简	司机把方向盘上长出来的竹子做成了竹简
诸葛	诸葛亮	你用石板砸诸葛亮
孔子	孔子	孔子拎着一个笼子

 练一练

你能根据9个数字依次回忆出《陋室铭》中对应的句子吗？

第三节
用数字桩法记《论语》

> **想一想**
> - 你知道《论语》是谁写的吗?
> - 你知道从《论语》中衍生出来的成语都有哪些吗?

《论语》是孔子的弟子和再传弟子记录孔子及其弟子的言论而编成的一本语录体著作。孔子坚持有教无类的办学方针,只要一心向学,无论贫民贵胄,都一视同仁纳入门下。在教育方面除了坚持人人平等,他还主张因材施教,用礼和仁来感化弟子。

从《论语》中也衍生出很多我们耳熟能详的成语,比如安贫乐道、巧言令色、言而有信、既往不咎、见贤思齐、任重道远、察言观色、成人之美、循序渐进等。

记文章遵循记忆四步法：理解，熟读，取关键字，记忆。

1. 理解

子曰："学而时习之，不亦说乎？有朋自远方来，不亦乐乎？人不知而不愠，不亦君子乎？"

孔子说："学习中时时加以温习，不是很愉悦吗？有志同道合的朋友从远方来，不是很快乐吗？别人不了解我，但我不怨恨，这不正是君子吗？"

曾子曰："吾日三省吾身：为人谋而不忠乎？与朋友交而不信乎？传不习乎？"

曾子说："我每天数次反省自己：为别人办事是否尽心尽力了？与朋友交往是否真诚守信了？对老师传授的学业是否认真复习了？"

子曰："温故而知新，可以为师矣。"

孔子说："温习旧的知识，能从中产生新的见解，这就可以为人师了。"

子曰："学而不思则罔，思而不学则殆。"

孔子说："只学习不思考就会迷惘、不理解；只思考不学习就会疑惑、不确定。"

子曰："知之者不如好之者，好之者不如乐之者。"

孔子说："对于学习和事业，懂得它的人不如喜好它的人，喜好它的人不如以它为乐的人。"

子曰:"饭疏食,饮水,曲肱而枕之,乐亦在其中矣。不义而富且贵,于我如浮云。"

孔子说:"吃粗粮,喝清水,弯着手臂当作枕头,快乐也就在其中啊。不合道义得来的富贵,对我来说同浮云一样。"

子曰:"三人行,必有我师焉。择其善者而从之,其不善者而改之。"

孔子说:"三人同行,其中一定有人可以做我的老师。我学习他们的优点,看到他们的缺点就借鉴改正。"

子在川上曰:"逝者如斯夫,不舍昼夜。"

孔子在河边说:"流逝的时光就像这河水呀,日夜不停地流去。"

子曰:"三军可夺帅也,匹夫不可夺志也。"

孔子说:"军队可以被夺去主帅,一个男子却不可被夺走志向。"

子夏曰:"博学而笃志,切问而近思,仁在其中矣。"

子夏说:"既能广泛地学习,又能坚守志向,既善于恳切地问问题,又善于思考眼前的事,仁德就在其中了。"

2. 熟读

读到顺畅、熟练、不卡壳,尽量做到提醒一两个字就能将这句复述出来。

3. 取关键字（见下表）

一般取每句中的名词，也可以取前几个字作为关键字。

4. 记忆

因为要用的方法是数字桩，所以我们按顺序选 10 个数字作为桩子。在之前的章节中，01~36 用来记忆《三十六计》了，41~49 用来记忆《陋室铭》了，这里我们选取 51~60 来记忆这 10 句《论语》。由于篇幅较长，建议边看着句子边对照表格一句一句记忆，一句记完再记下一句。

51	狐狸	56	蜗牛
52	斧子	57	坦克
53	火山	58	火把
54	针筒	59	乌龟
55	火车	60	榴梿

此处需要发挥你天马行空的想象力。

关键字	出图	联想定桩
学，朋，人	学生，朋友，小人儿	狐狸来找穿着校服的学生玩，学生给它介绍他的朋友和一个可爱的小人儿
曾，三，人，朋友，传	增高鞋，三层，小人儿，朋友，船	你用斧子劈开一个有三层底的增高鞋，从里面跳出来一个小人儿，它拉着朋友去划船
温，师	温水，老师	从火山里喷发出一股温水，溅到了老师身上
学，罔，思，殆	学生，网，思考，袋	穿着校服的学生拿着针筒在思考如何制作一个网袋
知，好	知了，小号	火车顶上有一只知了，它正在吹小号
饭，曲肱，不义，浮云	吃饭，弯胳膊，布衣，浮云	蜗牛吃完饭后弯着胳膊睡觉，你拿了一件布衣给它盖上，布衣上有朵浮云
三人，择	三个人，选择	三个人在选坦克，他们都选择了自己喜欢的

续表

关键字	出图	联想定桩
川，逝者	河流，逝者	你举着火把跳进了河流里去拯救一名逝者
三军，匹夫	军队，男子	一支乌龟军队正在向一名男子进攻
夏，博，切，仁	虾，博士，切，果仁	你剥榴梿的时候剥出来一只虾，你把虾递给博士切开，竟然切出颗果仁

练一练

你能根据 10 个数字依次回忆出对应的句子吗？

第四节
用人物桩法记《少年中国说》

> **想一想**
> - 你知道《少年中国说》是谁写的吗？
> - 你听过《少年中国说》这首歌吗？

《少年中国说》是清朝梁启超写的一篇散文，戊戌变法之后他流亡日本，而当时中国正在经受八国联军侵略，所以梁启超热切渴望出现一个蓬勃向上的"少年中国"来振奋人民的精神。这篇节选一共有三段。

故今日之责任，不在他人，而全在我少年。少年智则国智，少年富则国富，少年强则国强，少年独立则国独立，少年自由则国自由，少年进步则国进步，少年胜于欧洲，则国胜于欧洲，少年雄于地球，则国雄于地球。

红日初升,其道大光;河出伏流,一泻汪洋;潜龙腾渊,鳞爪飞扬;乳虎啸谷,百兽震惶;鹰隼试翼,风尘翕张;奇花初胎,矞矞皇皇;干将发硎,有作其芒;天戴其苍,地履其黄;纵有千古,横有八荒;前途似海,来日方长。

美哉,我少年中国,与天不老!壮哉,我中国少年,与国无疆!

第一段是很整齐的排比句,每句只有一两个字有改动,主要需要记忆的是"少年……则……"这一组排比句,这里我们使用串字法。取每句的关键字"智、富、强、独、自、进",串起来谐音一下就是"支付强度资金",既保证记住也保证顺序的正确。

第三段是总结,句式也很整齐。我们使用联想法,分别取关键字联想记忆。第一句的"美"和"少年"联结起来记忆就是"美少年",第二句的"壮"和"中国"联结起来记忆就是"壮丽中国"。

第二段句式也规整,只不过看不出句与句之间的直接联系。我们使用人物桩法记忆。不管用什么方法记忆,记文章都要遵循记忆四步法:理解,熟读,取关键字,记忆。

1. 理解

红日初升，其道大光；河出伏流，一泻汪洋；

红日刚刚升起的时候，道路上洒满霞光；黄河从地下冒出来，汹涌澎湃，浩浩荡荡；

潜龙腾渊，鳞爪飞扬；乳虎啸谷，百兽震惶；

潜龙从深渊中腾跃而起，它的鳞爪舞动飞扬；幼虎在山谷吼叫，所有的野兽都害怕、惊慌；

鹰隼试翼，风尘翕张；奇花初胎，矞矞皇皇；

雄鹰试着张开翅膀飞翔，风卷起尘土高高飞扬；奇花刚开始开放，灿烂又茁壮；

干将发硎，有作其芒；天戴其苍，地履其黄；

新磨好的干将剑闪射出光芒。头顶着苍天，脚踏着大地；

纵有千古，横有八荒；前途似海，来日方长。

从纵的时间看有悠久的历史，从横的空间看有辽阔的疆域，前途像海一般宽广，未来的日子无限远长。

2. 熟读

读到顺畅、熟练、不卡壳，尽量做到提醒一两个字就能将这句复述出来。

3. 取关键字（见下表）

一般取每句中的名词，也可以取前几个字作为关键字。

4. 记忆

为了方便记忆，我们将这一段分为 5 句。因为使用人物桩法，我们先来准备 5 个人物作为桩子。一般我们从最熟悉的人物开始想，那就是爷爷、奶奶、爸爸、妈妈、你自己。此处需要发挥你天马行空的想象力。

关键字	出图	联想定桩
红日，河	红色的太阳，河流	爷爷爱在河里游泳，今天他顶着一轮红色的太阳跳进河里游泳
潜龙，乳虎	拿着钱的龙，幼虎	奶奶喜欢找人聊天，今天她骑着一条拿着钱的龙去找幼虎
鹰隼，奇花	老鹰，奇特的花	爸爸喜欢养鸟，他养的一只老鹰今天给他叼回来一朵奇特的花

续表

关键字	出图	联想定桩
干将，天	干将剑（中国古代十大名剑之一），天使	妈妈喜欢舞剑，她今天舞干将剑的时候不小心刺伤了一个天使
纵，前	粽子，钱	你喜欢美食，今天吃粽子的时候竟然吃出了钱

练一练

你能根据 5 个人物依次回忆出对应的诗句吗？

第五节
用物体桩法记《迢迢牵牛星》

> **想一想**
>
> ● 你知道《迢迢牵牛星》写的是有关谁的诗吗?

记文章遵循记忆四步法:理解,熟读,取关键字,记忆。

迢迢牵牛星

迢迢牵牛星,皎皎河汉女。

纤纤擢素手,札札弄机杼。

终日不成章,泣涕零如雨。

河汉清且浅,相去复几许。

盈盈一水间,脉脉不得语。

1. 理解

迢迢牵牛星，皎皎河汉女。

看那天边遥远的牵牛星，明亮的织女星。

纤纤擢素手，札札弄机杼。

织女伸出细长而白皙的手正摆弄着织机，发出札札的织布声。

终日不成章，泣涕零如雨。

她一整天也没织成一段布，眼泪像下雨一样落下来。

河汉清且浅，相去复几许？

银河又清又浅，相隔又有多远呢？

盈盈一水间，脉脉不得语。

虽只隔一条清澈的河水，但他们只能含情凝视而不能用话语交谈。

2. 熟读

读到顺畅、熟练、不卡壳，尽量做到提醒一两个字就能将这句复述出来。

3. 取关键字（见下表）

一般取每句中的名词，也可以取前几个字作为关键字。

4. 记忆

因为使用物体桩法记忆，所以我们先准备一个物体作为桩子。这首诗写的是织女织布的场景，所以我们选取一台织布机作为桩子（如下图所示）。在图中找到 5 个物体来对应记忆 5 句诗，它们分别是：轮子、纺线、横杆、小凳、布。

关键字	出图	联想定桩
迢，皎	条纹衫，饺子	你用条纹衫裹着一盘饺子放在轮子上
纤，札	仙女，炸	仙女站在纺线上炸薯条

续表

关键字	出图	联想定桩
终，泣	钟，气球	横杆上放着一口大钟，你一敲钟，从里面掉出来很多气球
河，相	河水，香蕉	河水漫过了小凳，上面还漂着一根香蕉
盈，脉	鹰，墨水	老鹰嘴里叼的墨水洒到了布上

练一练

你能根据图中 5 个物体依次回忆出对应的诗句吗？

第六节
用地点桩法记《回延安》

想一想

- 你能根据以下描述,在脑中想象当时的场景吗?

米酒油馍木炭火,团团围定炕上坐。

满窑里围得不透风,脑畔上还响着脚步声。

老爷爷进门气喘得紧:

"我梦见鸡毛信来——可真见亲人……"

亲人见了亲人面,欢喜的眼泪眼眶里转。

"保卫延安你们费了心,白头发添了几根根。"

团支书又领进社主任,当年的放羊娃如今长成人。

白生生的窗纸红窗花,娃娃们争抢来把手拉。

一口口的米酒千万句话,长江大河起浪花。

十年来革命大发展,说不尽这三千六百天……

《回延安》的作者是贺敬之。1956年3月,贺敬之回延安参加西北五省青年工人造林大会。贺敬之本打算写几篇报告文学和新闻报道,但是大会要举行一个联欢晚会,让他出个节目。贺敬之打算用信天游的方式写几句诗在台上唱一下。3月9日夜里,他就在窑洞里面边走边唱,一有灵感,便马上写下来。他写了一夜,也唱了一夜,结果感冒了,嗓子哑了,最终没能在晚会上唱。后来,陕西人民广播电台的同志把诗稿《回延安》拿去广播,随后诗稿又在《延河》杂志全文发表,感动了千千万万的读者。让贺敬之意想不到的是,《回延安》这首诗一时传遍大江南北。

《回延安》一共分为5个部分:

一、回延安,写回延安时的激动喜悦;

二、忆延安,写回忆当年延安的生活;

三、话延安,写亲人欢聚畅谈的热烈场面;

四、赞延安,写延安城的新面貌;

五、颂延安,写对延安的歌颂和对未来的展望。

"想一想"中的片段是《回延安》的第三部分,我们用"地点桩法"来记忆第三部分。

记文章遵循记忆四步法:理解,熟读,取关键字,记忆。

1. 理解

这是一首现代诗,所以不需要翻译,边读就能在脑中边想象出当时的画面。

2. 熟读
读到顺畅、熟练、不卡壳，尽量做到提醒一两个字就能将这句复述出来。

3. 取关键字（见下表）
一般取每句中的名词，也可以取前几个字作为关键字。

4. 记忆
我们使用地点桩法记忆。首先，准备一个记忆宫殿，因为发生在窑洞里，所以我们选取一座窑洞作为记忆宫殿。然后，在里面找到9个地点作为桩子，分别用来记忆9组关键字词。

1. 缝纫机
2. 镜子
3. 小木箱
4. 圆罐子
5. 泥人像
6. 木盆
7. 瓦罐
8. 灶膛
9. 缸盖

关键字	出图	联想定桩
米酒，团团	喝米酒，吃面团	你坐在缝纫机上边喝米酒边吃面团
满窑，脑畔	窑洞里挤满了脑袋	你从镜子里看到一座窑洞，里面挤满了脑袋
老爷爷，鸡毛信	老爷爷拿着鸡毛信	老爷爷把鸡毛信塞进了小木箱
亲人，眼泪	亲人流眼泪	亲人的眼泪都流进了圆罐子里
保卫，白头发	穿着制服的保卫队长，白头发	穿着制服的保卫队长给泥人像涂上了白头发
团支书，放羊娃	团支书领着一群放羊娃	团支书领着一群放羊娃坐在木盆里
白窗纸，娃娃们	白窗纸，娃娃们	白窗纸被娃娃们贴在瓦罐上

续表

关键字	出图	联想定桩
米酒,长江	把米酒倒出来汇成了长江	你往灶膛里倒米酒,没想到在里面汇成了一条长江
革命,说不尽	一个革命人士滔滔不绝地说话	一个戴着五角星帽子的革命人士站在缸盖上滔滔不绝地说话

你能根据图中9个地点依次回忆出对应的诗句吗?

第七节
用地点桩法记《琵琶行》

> **想一想**
>
> ● 你知道《琵琶行》讲的是一个怎样的故事吗？白居易为什么要写下这首长诗呢？

唐宪宗元和十年（815年），白居易被贬浔阳（今江西九江市）。被贬第二年秋天，白居易在浔阳江头送别客人，听到相邻的船上有一女子在夜晚弹奏琵琶，细审那声音，铿铿锵锵颇有点京城的风味。白居易就询问她的来历，得知她原来是长安的乐伎，曾经跟穆、曹这两位琵琶名家学习技艺，后来年长色衰，嫁给一位商人为妻。于是白居易吩咐摆酒，请她尽情地弹几支曲子。她演奏完毕，神态忧伤，叙说自己年轻时欢乐的往事，但如今漂泊沦落，憔悴不堪，在江湖之间飘零流浪。白居易出任地方官已经两年，一向心境平和，但是乐妓的话却令他触动,这一晚竟然有被贬逐的感受,于是写了这首《琵琶行》送给她。

《琵琶行》一共可以分为四段,第一段写诗人江头送客,遇琵琶女;第二段写诗人听琵琶曲;第三段写琵琶女诉身世之苦;第四段写诗人联想到自己的遭遇,倾诉悲情。

记文章遵循记忆四步法:理解,熟读,取关键字,记忆。

1. 理解
由于全篇篇幅较长,所以译文部分略,大家可以根据前面的背景和内容介绍试着理解本诗。

2. 熟读
读到顺畅、熟练、不卡壳,尽量做到提醒一两个字就能将这句复述出来。

3. 取关键字(见下表)
一般取每句中的名词,也可以取前几个字作为关键字。

4. 记忆
我们使用地点桩法来记忆。首先,准备一个记忆宫殿。我们选取家作为记忆宫殿,然后在里面找地点作为桩子。

我们可以根据家里 5 个不同的空间把文章分为 5 段来记忆。为了减轻记忆压力，我们一段记熟之后再记下一段，这样不仅可以化整为零，还可以加强你对地点桩使用的熟练程度。

接下来，我们分段记忆《琵琶行》全文。

1. 桌子
2. 电视柜抽屉
3. 电视柜
4. 电视
5. 盆栽
6. 窗帘
7. 茶几
8. 沙发
9. 壁画
10. 小茶几

1 浔阳江头夜送客，枫叶荻花秋瑟瑟。
2 主人下马客在船，举酒欲饮无管弦。
3 醉不成欢惨将别，别时茫茫江浸月。
4 忽闻水上琵琶声，主人忘归客不发。
5 寻声暗问弹者谁？琵琶声停欲语迟。
6 移船相近邀相见，添酒回灯重开宴。
7 千呼万唤始出来，犹抱琵琶半遮面。

8 转轴拨弦三两声,未成曲调先有情。
9 弦弦掩抑声声思,似诉平生不得志。
10 低眉信手续续弹,说尽心中无限事。

关键字	出图	联想定桩
浔,枫叶	中华鲟,火红的枫叶	中华鲟在桌子上吃火红的枫叶
主人,举酒	主人,举起酒杯	主人举起酒杯把酒倒进抽屉里
醉,别	醉倒,别针	你醉倒在电视柜上压弯了一个别针
忽,主人	虎,主人	老虎驮着主人从电视里钻了出来

续表

关键字	出图	联想定桩
寻，琵琶	中华鲟，琵琶	中华鲟在盆栽上弹琵琶
移船，添酒	移动船，添加酒	你把船移到窗帘那儿，给酒杯里添了些酒
千，犹	千手观音，鱿鱼	千手观音站在茶几上，手里抓着鱿鱼
转，未	转圈圈，胃	你在沙发上围着一个胃转圈圈
弦，似	琴弦，丝	壁画上画着一根根琴弦，上面有蚕吐的丝
低，说	低头，说话	你站在小茶几上低头说话

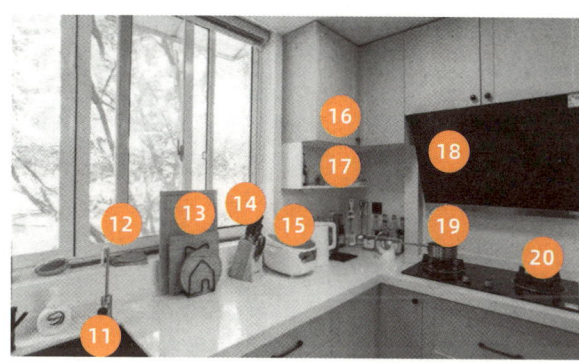

11. 水槽
12. 窗户
13. 切板
14. 刀具
15. 电饭煲
16. 橱柜
17. 柜槽
18. 油烟机
19. 锅
20. 灶圈

11　轻拢慢捻抹复挑，初为《霓裳》后《六幺》。

12　大弦嘈嘈如急雨，小弦切切如私语。

13　嘈嘈切切错杂弹，大珠小珠落玉盘。

14　间关莺语花底滑，幽咽泉流冰下难。

15　冰泉冷涩弦凝绝，凝绝不通声暂歇。

16　别有幽愁暗恨生，此时无声胜有声。

17　银瓶乍破水浆迸，铁骑突出刀枪鸣。

18　曲终收拨当心画，四弦一声如裂帛。

19　东船西舫悄无言，唯见江心秋月白。

20　沉吟放拨插弦中，整顿衣裳起敛容。

关键字	出图	联想定桩
轻，初	蜻蜓，出租车	蜻蜓把出租车开进了水槽里
大弦，小弦	大琴弦，小琴弦	窗户被安上了大琴弦和小琴弦
嘈，大珠	曹操，大珠子	曹操把大珠子弹到了切板上
间，幽	间谍，幽灵	间谍用刀砍幽灵
冰，凝	冰块，凝结	电饭煲里的冰块凝结了
别，此	别针，刺	别针刺进橱柜门里
银瓶，银骑	银色的瓶子，铁马	柜槽里有个银色的瓶子，一匹铁马从瓶子里飞奔了出来
曲，四弦	唱曲，四根弦	你拨弄着油烟机上的四根弦唱曲
东，唯	冬瓜，围巾	锅里煮着一个冬瓜，你用围巾裹在锅身外
沉，整	沉下去，枕头	一个枕头从灶圈上沉了下去

21. 床
22. 床头柜
23. 壁画
24. 木柜
25. 盆栽
26. 窗帘
27. 暖气片
28. 电视机

21 自言本是京城女,家在虾蟆陵下住。
22 十三学得琵琶成,名属教坊第一部。
23 曲罢曾教善才服,妆成每被秋娘妒。
24 五陵年少争缠头,一曲红绡不知数。
25 钿头银篦击节碎,血色罗裙翻酒污。
26 今年欢笑复明年,秋月春风等闲度。
27 弟走从军阿姨死,暮去朝来颜色故。
28 门前冷落鞍马稀,老大嫁作商人妇。

关键字	出图	联想定桩
自，家	自行车，家	你把家的房子建在了床上，你骑自行车到家门口
十，名	石头，名片	你用石头砸床头柜上的名片
曲，花	唱曲，化妆	你对着壁画边唱曲边化妆
五，一	五一劳动节	五一劳动节你打扫木柜
钿，血	触电，鲜血	你触电了，鲜血流到了盆栽上
今，秋	金子，秋月	窗帘上挂着一轮像金子般闪闪发光的秋月
弟，暮	弟弟，木头	弟弟用木头砸暖气片
门，老大	门，老大	你推开电视里的门，看到一个黑帮老大

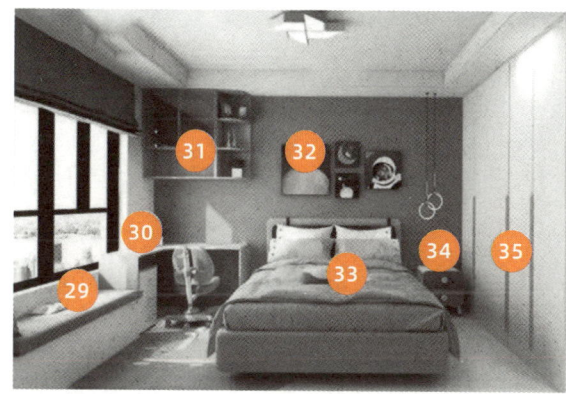

29. 坐垫
30. 书桌
31. 吊柜
32. 壁画
33. 床
34. 床头柜
35. 衣柜

29 商人重利轻别离，前月浮梁买茶去。
30 去来江口守空船，绕船月明江水寒。
31 夜深忽梦少年事，梦啼妆泪红阑干。
32 我闻琵琶已叹息，又闻此语重唧唧。
33 同是天涯沦落人，相逢何必曾相识！
34 我从去年辞帝京，谪居卧病浔阳城。
35 浔阳地僻无音乐，终岁不闻丝竹声。

关键字	出图	联想定桩
商，前	商人，钱	商人把钱撒在坐垫上
去，绕船	趣多多，绕船	书桌上的趣多多饼干绕船围了一圈
夜，梦	叶子，做梦	你躺在吊柜里做梦吃叶子
我，又	我，柚子	我（你自己）把壁画里的柚子拿了出来
同，相	铜，箱子	床上放着一个铜箱子
我，滴	我，折	我抱起床头柜把它折成了两半
浔，终	中华鲟，钟	你打开衣柜，看到一条中华鲟在敲钟

36. 门
37. 洗手台下
38. 洗手池
39. 镜子
40. 柜槽
41. 马桶
42. 垃圾桶
43. 花洒
44. 窗台

36 住近湓江地低湿,黄芦苦竹绕宅生。

37 其间旦暮闻何物?杜鹃啼血猿哀鸣。

38 春江花朝秋月夜,往往取酒还独倾。

39 岂无山歌与村笛?呕哑嘲哳难为听。

40 今夜闻君琵琶语,如听仙乐耳暂明。

41 莫辞更坐弹一曲,为君翻作《琵琶行》。

42 感我此言良久立,却坐促弦弦转急。

43 凄凄不似向前声,满座重闻皆掩泣。

44 座中泣下谁最多?江州司马青衫湿。

关键字	出图	联想定桩
住，黄	猪，小黄人	门口有只猪在拱小黄人
其，杜鹃	旗子，杜鹃	洗手台下插着一面旗子，杜鹃用嘴啄旗子
春，往	春卷，网	你把炸好的春卷放进洗手池里的网里
岂，呕	乞丐，海鸥	乞丐把海鸥粘在镜子上
岂，如	金子，如来佛	你把金子献给坐在柜槽里的如来佛
莫，为	墨水，胃	你吐得把"胃"快吐出来了，马桶里的水像墨水一样
感，却	赶，雀	你赶走了垃圾桶上的雀儿
凄，满座	七仙女，座位满了	花洒上摆着一排座椅，七仙女把座位坐满了
座，江	座位，姜	窗台上有个座位，上面放着一块生姜

练一练

你能根据地点依次回忆出对应的诗句吗?

第八节
用地点桩法记《古朗月行》

想一想

- 你知道《古朗月行》这首诗中隐藏了一个什么样的神话故事吗?
- 诗人李白只是在写月亮吗?他想表达的是什么呢?

古朗月行

[唐]李白

小时不识月,呼作白玉盘。

又疑瑶台镜,飞在青云端。

仙人垂两足,桂树何团团。

白兔捣药成,问言与谁餐。

蟾蜍蚀圆影,大明夜已残。

羿昔落九乌,天人清且安。

阴精此沦惑,去去不足观。

忧来其如何?凄怆摧心肝。

《古朗月行》开头写孩提时代对月亮稚气的认识,写出了月亮初升时逐渐明朗和宛若仙境般的景致,接着写月亮渐渐地由圆而蚀,继而沦没而迷惑不清,最后表达了对月亮的沦没心中忧愤不平的感情。诗人表面是在写蟾蜍吃月亮,其实是在影射奸臣把国家搞得乌烟瘴气。

记忆四步法:理解,熟读,取关键字,记忆。

1. 理解

小时不识月,呼作白玉盘。
小时候不认识月亮,把它称为白玉盘。

又疑瑶台镜,飞在青云端。
又怀疑是瑶台仙镜,飞在夜空青云之上。

仙人垂两足,桂树何团团。
月中仙人垂着双脚,圆圆的桂树也跟着出现了。

白兔捣药成,问言与谁餐。
白兔捣成的仙药,到底是捣给谁吃的?

蟾蜍蚀圆影,大明夜已残。
又传说月中有一个大蟾蜍,是它把月亮渐渐地吃残缺了。

羿昔落九乌,天人清且安。
后羿昔日射下了九个太阳,天上人间才得以清平安宁。

阴精此沦惑，去去不足观。

月亮已经沦没而迷惑不清，就没有值得看的了，不如趁早走开吧。

忧来其如何，凄怆摧心肝。

忧愁来了又能怎么办呢？凄怆之情真是摧人心肝啊！

2. 熟读

读到顺畅、熟练、不卡壳，尽量做到提醒一两个字就能将这句复述出来。

3. 取关键字（见下表）

一般取每句中的名词，也可以取前几个字作为关键字。

4. 记忆

首先，准备一个记忆宫殿。然后，在里面找到 8 个地点作为桩子，分别用来记忆 8 组关键字词。

1. 鹿架
2. 壁画
3. 电视
4. 电视柜
5. 沙发
6. 台灯
7. 茶几
8. 凳子

关键字	出图	联想定桩
小，呼	小孩，呼气	小孩在鹿架上拼命呼气
又，飞	柚子，飞起来	一个柚子从壁画里飞了出来
仙人，桂树	仙人，桂花树	电视里有一个仙人踩在桂花树上
白兔，问	白兔，问号	白兔从电视柜里蹦出来，满脸问号
蟾蜍，大	蟾蜍，大人	蟾蜍蹦到了坐在沙发上的大人身上
羿，天	后羿，天使	后羿射箭射中了台灯上的天使
阴，去去	阴天，蛐蛐	阴天下雨淋湿了茶几上的蛐蛐
忧，凄	油漆	你用油漆刷凳子

 **练一练**

你能根据图中 8 个地点依次回忆出对应的诗句吗?

第九节
用漫画法记三首古诗词

想一想

- 看下面三幅漫画猜一下对应的古诗词。

答案分别是：《咏鹅》《悯农（其二）》《望庐山瀑布》。你猜对了吗？

相比于文字，我们对图像的记忆会更加深刻。漫画法记古诗就是把一首古诗转化成一幅漫画，每一句诗都隐藏在漫画里，记住漫画，这首古诗就能记住。

古诗词（一）

凉州词

［唐］王翰

葡萄美酒夜光杯，
欲饮琵琶马上催。
醉卧沙场君莫笑，
古来征战几人回？

记忆四步法：理解，熟读，取关键字，记忆。

1. 理解

葡萄美酒都被装在夜里会发光的酒杯里。刚想要喝酒，乐伎的琵琶就已经弹起来了，催促着骑马上战场。

今天我一定要一醉方休，如果喝醉了卧倒在沙场上你可别笑话我。从古至今上战场的就没有几个人能活着回来。

2. 熟读

读到顺畅、不卡壳，尽量记住关键字词。

3. 取关键字（已加粗字体）

葡萄美酒夜光杯，

欲饮**琵琶**马上催。

醉卧沙场君莫笑，

古来征战**几人**回？

4. 记忆

我们把每一句诗（尤其是关键字词）依次描绘出对应的画面，这样四句诗就融合在一张漫画里。你能在下图中找到关键字词对应的画面吗？

记忆的时候根据诗句想画面，回忆的时候根据画面忆诗句。

古诗词（二）

登科后

[唐] 孟郊

昔日龌龊不足夸，
今朝放荡思无涯。
春风得意马蹄疾，
一日看尽长安花。

记忆四步法：理解，熟读，取关键字，记忆。

1. 理解
昔日困顿的日子不值一提，今日金榜题名，自由自在，神采飞扬。

迎着浩荡春风得意地纵马奔驰，好像一日之内就能赏遍京城名花。

2. 熟读
读到顺畅、不卡壳，尽量记住关键字词。

3. 取关键字（已加粗字体）

昔日**龌龊**不足夸，

今朝**放荡**思无涯。

春风**得意**马蹄疾，

一日看尽**长安**花。

4. 记忆

我们把每一句诗（尤其是关键字词）依次描绘出对应的画面，这样四句诗就融合在一张漫画里。你能在下图中找到关键字词对应的画面吗？

记忆的时候根据诗句想画面，回忆的时候根据画面忆诗句。

古诗词（三）

清平乐·村居

［宋］辛弃疾

茅檐低小，溪上青青草。

醉里吴音相媚好，白发谁家翁媪？

大儿锄豆溪东，中儿正织鸡笼。

最喜小儿亡赖，溪头卧剥莲蓬。

记忆四步法：理解，熟读，取关键字，记忆。

1. 理解

草屋的茅檐又低又小，溪边长满了碧绿的小草。

含有醉意的吴地方言，听起来温柔又美好，那满头白发的老人是谁家的呀？

大儿子在溪东边的豆田锄草，二儿子正忙于编织鸡笼。最令人喜爱的是小儿子，他正横卧在溪头草丛，剥着刚摘下的莲蓬。

2. 熟读

读到顺畅、不卡壳，尽量记住关键字词。

3. 取关键字（已加粗字体）

茅檐低小，**溪**上青青草。

醉里吴音相媚好，白发谁家**翁媪**？

大儿锄豆溪东，**中儿**正织鸡笼。

最喜**小儿**亡赖，溪头卧**剥莲蓬**。

4. 记忆

我们把每一句词（尤其是关键字词）依次描绘出对应的画面，这样四句词就融合在一张漫画里。你能在下图中找到关键字词对应的画面吗？

记忆的时候根据词句想画面，回忆的时候根据画面忆词句。

 **练一练**

你能把四句诗分别写到图中对应的位置上吗?

稚子弄冰

[宋]杨万里

稚子金盆脱晓冰,

彩丝穿取当银钲。

敲成玉磬穿林响,

忽作玻璃碎地声。

第十节
用画图法记《题破山寺后禅院》

想一想

- 你能边读下面这首古诗边画出对应的图像吗?

惠崇春江晚景

[宋] 苏轼

竹外桃花三两枝,
春江水暖鸭先知。
蒌蒿满地芦芽短,
正是河豚欲上时。

说起画画,你会有这样的担心吗?不会画怎么办呢?画得不好怎么办呢?其实完全不用担心。第一,画的画是给自己看的,画成什么样只要自己能看懂就行。第二,画画的目的是记古诗,不是用来比赛。边背古诗边画画是为了让你手脑并用,加深印象。

我们用画图法来记忆《题破山寺后禅院》这首诗。

题破山寺后禅院

[唐]常建

清晨入古寺,初日照高林。
曲径通幽处,禅房花木深。
山光悦鸟性,潭影空人心。
万籁此都寂,但余钟磬音。

记忆四步法:理解,熟读,取关键字,记忆。

1. 理解

清晨我走进这古老的寺院,旭日初升映照着山上的树林。
竹林中的小路通向幽深处,禅房前后花木繁茂又缤纷。
山光明媚,使飞鸟更加欢悦,潭水清澈,也令人爽神净心。

此时此刻万物都沉默静寂,只留下了敲钟击磬的声音。

2. 熟读

读到顺畅、不卡壳,尽量记住关键字词。

3. 取关键字(已加粗字体)

清晨入**古寺**,**初日**照**高林**。
曲径通**幽**处,**禅房花木**深。
山光悦**鸟性**,**潭影**空**人心**。
万籁此都**寂**,但余**钟磬**音。

4. 记忆

我们把每句诗的关键词画成图像,边画边记。这样既可以锻炼大脑想象图像的能力,又能加强记忆效果。如果这个方法使用熟练,图会画得越来越快,记忆也会越来越轻松。

 练一练

你能边画图边记忆《惠崇春江晚景》这首诗吗?

第十一节
用画图法记《铁杵成针》

想一想

- 请根据下面的文字画出对应的图像。

  一座高高的山上站着一个仙人,山下有一条潺潺的小河流过,河里有一条龙跃出水面。

从上面这段文字中你会想到什么句子呢?

"山不在高,有仙则名;水不在深,有龙则灵"。

如果你能根据文字画出对应的图像,那么你一定会对这两句话记忆深刻。在记忆古诗词的时候我们可以使用画图法,同样,在记忆古文的时候也可以使用。

铁杵成针

[宋] 祝穆

磨针溪,在象耳山下。世传李太白读书山中,未成,弃去。过是溪,逢老媪方磨铁杵,问之,曰:"欲作针。"太白感其意,还卒业。

记忆四步法:理解,熟读,取关键字,记忆。

1. 理解
磨针溪,在象耳山下。
有一条小溪,叫作"磨针溪",它在象耳山脚下。
世传李太白读书山中,未成,弃去。
相传李白在山中读书,没有完成学业,就放弃学业离开了。
过是溪,逢老媪方磨铁杵,问之,曰:"欲作针。"
李白路过一条小溪,遇见一位老妇人正在磨铁棒。于是问她要磨成什么,老妇人说:"我想把它磨成针。"
太白感其意,还卒业。
李白被她的意志感动,回去完成了学业。

2. 熟读
读到顺畅、不卡壳,尽量记住关键字词。

3. 取关键字（已加粗字体）

磨针溪，在**象耳**山下。世传**李太白**读书山中，未成，**弃去**。过是溪，逢**老媪**方磨铁杵，问之，曰："欲作针。"太白感其意，还卒业。

4. 记忆

 练一练

你知道下面这幅图画描绘的是哪首文言文吗？你能根据图画背出来吗？

第十二节
用串字法记三首古诗词

想一想

- 下面两幅图里的珠子,你把哪幅画里的珠子拿在手里能拿到更多呢?

如果我们把图一里的珠子握在手里,就有可能会遗漏。但是如果把它们串起来,就不会遗漏了。串字法的意思是把关键字像串珠子一样串起来,保证记得住、不漏句。如果你对某些古诗词很熟悉了,只是有时候记不起第一个字,那么这个方法很适合。

古诗词(一)

渔歌子

[唐] 张志和

西塞山前白鹭飞,
桃花流水鳜鱼肥。
青箬笠,绿蓑衣,
斜风细雨不须归。

记忆四步法:理解,熟读,取关键字,记忆。

1. 理解

西塞山前白鹭在自由地飞翔,岸上桃花盛开,春水初涨,水中鳜鱼肥美。

渔翁头戴青色的箬笠,身披绿色的蓑衣,坐在斜风细雨中,醉心垂钓,不想回家。

2. 熟读

读到顺畅、熟练、不卡壳,尽量做到提醒第一个字就能将这句复述出来。

3. 取关键字

一般取每句中的名词,也可以取前几个字作为关键字。如果使用串字法,建议取首字再串。

4. 记忆

首先,我们分别取诗题、作者和词句的首字,由于作者张志和的"张"字很常见,所以我们取"和"字。然后把它们串起来,就是"渔和西桃青斜",可理解为鱼和西瓜上的桃子一起倾斜了。

古诗词(二)

峨眉山月歌

[唐]李白

峨眉山月半轮秋,
影入平羌江水流。
夜发清溪向三峡,
思君不见下渝州。

记忆四步法:理解,熟读,取关键字,记忆。

1. 理解

高峻的峨眉山前悬挂着半轮秋月,流动的平羌江上,倒映着晶亮的月影。

夜间乘船出发,离开清溪直奔三峡,想你却难相见,恋恋不舍去向渝州。

2. 熟读

读到顺畅、熟练、不卡壳,尽量做到提醒第一个字就能将这句复述出来。

3. 取关键字

取首字再串。

4. 记忆

首先,我们分别取诗题、作者和诗句的首字,由于作者李白的"李"字很常见,所以我们取"白"字。然后把它们串起来,就是"峨白峨影夜思",可理解为峨眉山的白鹅对着自己的影子夜夜思索。

古诗词（三）

十一月四日风雨大作

［宋］陆游

僵卧孤村不自哀，

尚思为国戍轮台。

夜阑卧听风吹雨，

铁马冰河入梦来。

记忆四步法：理解，熟读，取关键字，记忆。

1. 理解

我直挺挺地躺在孤寂荒凉的乡村里，没有为自己的处境而感到悲哀，心中还想着替国家防卫边疆。

夜将尽了，我躺在床上听到那风雨的声音，迷迷糊糊地梦见自己骑着披着铁甲的战马，跨过冰封的河流出征北方疆场。

2. 熟读

读到顺畅、熟练、不卡壳，尽量做到提醒第一个字就能将这句复述出来。

3. 取关键字

取首字再串。

4. 记忆

首先,我们分别取诗题、作者和诗句的首字,然后串起来是"十陆僵尚夜铁",可理解为你坐着十路公共快艇去江上冶铁。

 练一练

你能使用串字法记忆下面这首古诗吗?

十五夜望月寄杜郎中

[唐]王建

中庭地白树栖鸦,
冷露无声湿桂花。
今夜月明人尽望,
不知秋思落谁家。

第十三节
用串字故事法记《回延安》

> **想一想**
>
> ● 请快速记忆以下 9 个词语。
> 鸟儿 电吹风 门 太阳 摩托车 菜市场 铜牛 池塘 书架

我们可以使用故事法来记忆这 9 个词语,也就是把这些词语依次串起来编成一个小故事。

你用**电吹风**吹完头发出**门**,顶着大**太阳**骑着**摩托车**去**菜市场**买菜,路上一只**鸟儿**飞落在路边的**铜牛**上,你开得太快撞上一头铜牛,一下把车开进了**池塘**里,发现池塘里还漂浮着一个废弃的**书架**。

串字故事法跟故事法差不多,只不过它有一个前提,那就是先取出文章中的关键字词,然后把它们串起来编成一个故事。

我们用这个方法来记忆贺敬之《回延安》的第二部分——忆延安,也就是回忆当年延安生活的片段。

二十里铺送过柳林铺迎,
分别十年又回家中。
树梢树枝树根根,
亲山亲水有亲人。
羊羔羔吃奶眼望着妈,
小米饭养活我长大。
东山的糜子西山的谷,
肩膀上的红旗手中的书。
手把手儿教会了我,
母亲打发我们过黄河。
革命的道路千万里,
天南海北想着你……

记文章遵循记忆四步法:理解,熟读,取关键字,记忆。

1. 理解

这是一首现代诗,所以不需要翻译,边读就能在脑中边想象出当时的画面。

2. 熟读

读到顺畅、熟练、不卡壳,尽量做到提醒一两个字就能将这句复述出来。

3. 取关键字

此处我们取头几个字为关键字词。

二十里铺送过柳林铺迎,分别十年又回家中。**树梢**树枝树根根,**亲山**亲水有亲人。**羊羔羔**吃奶眼望着妈,**小米饭**养活我长大。**东山**的糜子西山的谷,**肩膀**上的红旗手中的书。手把手儿教会了我,**母亲**打发我们过黄河。**革命**的道路千万里,**天南海北**想着你……

4. 记忆

我们用串字故事法把关键字词串起来编成一个小故事。

你把二十根玉米换成了二十分捧在手里,风吹过不小心吹落了一些到小树梢上。树长在青山上,山坡上有一只羊羔羔在吃小米饭。这时候它旁边有一个冬瓜从山上滚下来。你用肩膀扛起冬瓜,用另一只手拉着母亲去干革命。为了干革命,你们可是天南海北地跑啊。

练一练

你能根据下面的关键字词快速回忆出对应的诗句吗?

二十　分　树梢　亲山　羊羔羔　小米饭　东山
肩膀　手　母亲　革命　天南海北

第十四节
用三大方法记现代文《春》

> **想一想**
>
> - 你能边读文章边想象出对应的画面吗？你能闻到花草的香吗？你能听到鸟儿的鸣叫和牧童的笛声吗？
>
> "吹面不寒杨柳风"，不错的，像母亲的手抚摸着你。风里带来些新翻的泥土的气息，混着青草味儿，还有各种花的香，都在微微润湿的空气里酝酿。鸟儿将窠巢安在繁花嫩叶当中，高兴起来了，呼朋引伴地卖弄清脆的喉咙，唱出婉转的曲子，与轻风流水应和着。牛背上牧童的短笛，这时候也成天在嘹亮地响。

在背诵上面这段文字的时候，我们可以调动起"六感"来帮助体会，也就是唤醒自己的触觉、味觉、嗅觉、听觉、视觉和感觉。这样既可以让我们置身于作者的世界，积极与他共情，也能够对后面的理解记忆起到帮助作用。

记文章遵循记忆四步法：理解，熟读，取关键字，记忆。

1. 理解
这是一段现代文，所以不需要翻译，边读就能在脑中边想象出当时的画面。

2. 熟读
读到顺畅、熟练、不卡壳，尽量记住关键字词。

3. 取关键字（已加粗）
"吹面不寒**杨柳**风"，不错的，像**母亲**的手抚摸着你。

风里带来些新翻的**泥土**的气息，混着**青草**味儿，还有各种**花**的香，都在微微**润湿**的**空气**里酝酿。

鸟儿将**窠巢**安在**繁花嫩叶**当中，高兴起来了，**呼朋引伴**地卖弄清脆的喉咙，唱出婉转的**曲子**，与**轻风流水**应和着。

牛背上**牧童**的**短笛**，这时候也成天在嘹亮地响。

4. 记忆

我们将关键字词（文章骨架）用三种方法进行记忆。

串字故事法

杨柳垂到了母亲的手上。一阵风吹过，你闻到了泥土的气息，混着青草味儿，还有各种花的香。你嗅了嗅鼻子，呼吸到了润湿的空气。此时，空气中飞来一只鸟儿，它将窠巢安在繁花嫩叶当中。有了家之后它呼朋引伴地唱曲，曲子与轻风流水声应和着。流水里走来一头老牛，牛背上坐着一个牧童，他把短笛吹得嘹亮地响。

画图法

数字桩法

为了方便记忆,我们把整篇文章分为 7 句。因为要用到数字桩,所以我们按顺序选 7 个数字作为桩子。

61	六一儿童节的书包	65	老虎
62	驴儿	66	溜溜球
63	硫酸	67	油漆
64	牛屎		

关键字	联想定桩
杨柳,母亲的手	母亲的手从书包里掏出来一枝杨柳
风,泥土	驴儿被风吹晕了,抬脚踢翻了泥土
青草,花	你把硫酸倒在了青草和花上
润湿的空气	牛屎周围弥漫着润湿的空气

续表

关键字	联想定桩
鸟儿，窠巢，繁花嫩叶	老虎想吃小鸟，鸟儿偷偷把窠巢安在繁花嫩叶当中
呼朋引伴，唱曲，轻风流水	鸟儿抓着溜溜球，开心地呼朋引伴地唱着曲，曲子和轻风流水一样飘向远方
牛背，牧童	你在牛背上刷了层油漆，牧童骑在上面吹短笛

练一练

你能边画图边把这段文字背出来吗？

第五章

英语单词轻松记

第一节
用拼音法记单词

> **想一想**
>
> - 你能在1分钟内快速记住下面10个单词以及它们的拼写吗?
>
>   mule 骡子　chicken 鸡　change 改变
>   blouse 女式衬衫　sushi 寿司　cheetah 猎豹
>   bandage 绷带　lick 舔　schedule 工作计划
>   puppy 小狗

你是否用过以下方法来记单词呢?你是否中途放弃了呢?为什么呢?

方法	具体操作	缺点
语境法	看英文电影或者电视剧	容易被情节吸引，忘记背单词的任务
句子法	背英文长句	句子既含生词，又含语法
词根词缀法	先背词根，再给词根加上前缀、后缀	词根不认识，词缀积累不够
自然拼读法	背音标及组合	同一个发音拼写出来是不同字母

曾经有位伟人说过："不管白猫黑猫，能抓住老鼠的就是好猫。"如果你试过各种方法都没有摆脱背单词的噩梦，不妨来试试这些方法吧！

拼音法是用拼拼音的方法来记单词，只要你会拼拼音，你就记得住单词。这个方法生动有趣，特别适合零基础和英语基础薄弱的人群。

组合一：拼音 + 拼音

单词	拆分	联想	出图
mule 骡子	mu（木）+ le（了）	骡子累木了	
change 改变	chang（嫦）+ e（娥）	为了嫦娥而改变	
sushi 寿司	su（苏）+ shi（轼）	苏轼爱吃寿司	
bandage 绷带	ban（绊）+ da（大）+ ge（哥）	绊缠着绷带的大哥	

组合二：拼音 + 单字母编码

有些单词除了拼音之外，还会剩下一个字母，此时就需要用到单字母编码。

单词	拆分	联想	出图
schedule 工作计划	s（龙）+ chedule（车堵了）	龙的车堵了，只能改变工作计划了	
chicken 鸡	chi（吃）+ c（吸铁石）+ ken（啃）	鸡对着吸铁石左吃右啃	
blouse 女式衬衫	b（笔）+ lou（漏）+ se（色）	笔漏色漏到了女式衬衫上	

组合三：拼音 + 多字母编码

有些单词除了拼音之外，还会剩下多个字母没办法拼成拼音，此时就需要用到多字母编码。

单词	拆分	联想	出图
cheetah 猎豹	che（车）+ et（外星人）+ ah（暗号）	一只猎豹在车里跟外星人打暗号	
lick 舔	li（梨）+ ck（刺客）	把梨给刺客舔	
puppy 小狗	pu（葡）+ ppy（泡泡浴）	小狗边吃葡萄边洗泡泡浴	

练一练

请用拼音法中的"拼音 + 单字母编码"记忆下面这个单词。

dig 挖掘

第二节
用熟词法记单词

> **想一想**
>
> - 你能在 1 分钟内快速记住以下 10 个单词以及它们的拼写吗?
>
>   cargo 货物　boil 煮　watermelon 西瓜
>
>   alarm 警报　season 季节　helmet 头盔
>
>   scar 伤疤　pilot 飞行员　business 生意
>
>   forest 森林

熟词法是找出单词中你认识的熟词,以熟记生。

组合一：熟词 + 熟词

单词	拆分	联想	出图
cargo 货物	car（小汽车）+ go（走）	小汽车拉着货物走了	
watermelon 西瓜	water（水）+ melon（瓜）	水分很多的瓜是西瓜	
season 季节	sea（大海）+ son（儿子）	大海的儿子不喜欢这个季节	

组合二:熟词 + 单字母编码

单词	拆分	联想	出图
scar 伤疤	s(龙)+ car(小汽车)	龙在小汽车上划出了疤痕	
business 生意	bus(巴士)+ in(里面)+ e(鹅)+ ss(两条龙)	巴士里面有一只鹅和两条龙在做生意	
boil 煮	b(笔)+ oil(油)	把笔放在油里煮	

组合三：熟词 + 多字母编码

单词	拆分	联想	出图
alarm 警报	al（阿梨）+ arm（胳膊）	阿梨伸出胳膊拉响了警报	
helmet 头盔	he（他）+ lm（蓝莓）+ et（外星人）	他把蓝莓给戴着头盔的外星人吃	

组合四：熟词 + 拼音

单词	拆分	联想	出图
pilot 飞行员	pi（屁）+ lot（很多）	飞行员的屁很多	
forest 森林	fo（哈佛）+ rest（休息）	哈佛学霸在森林里休息	

练一练

请用熟词法中的"熟词 + 拼音"记忆下面这个单词。

juice 果汁

第三节
用近似法记单词

想一想

- 你能在1分钟内快速记住以下10个单词以及它们的拼写吗?

  boot 靴子　　cow 母牛　　sofa 沙发　　jeans 牛仔裤

  sock 短袜　　engine 发动机　　lock 锁

  feature 特点　　zoo 动物园　　science 科学

近似法分两种,一种是形似,找出单词中形似数字的字母,把它们转化成数字;一种是音似,也就是常说的谐音法。

近似一：形似

单词	近似	联想	出图
boot 靴子	boo（600）+ t（锤子）	你把 600 个锤子放到靴子里	
sofa 沙发	so（50）+ fa（发）	沙发上有 50 根头发	
sock 短袜	so（50）+ ck（刺客）	50 个刺客都穿着短袜	
lock 锁	lo（10）+ ck（刺客）	10 个刺客抬一把锁	
zoo 动物园	200	动物园里有 200 种动物	

近似二：音似

单词	近似	联想	出图
cow 母牛	铐	母牛被铐了起来	
jeans 牛仔裤	紧死	牛仔裤紧死了	
engine 发动机	按紧	按紧发动机	
feature 特点	飞车	这辆飞车很有特点	
science 科学	赛恩师	你的科学水平已经赛过恩师了	

 练一练

请用近似法中的"形似"记忆下面这个单词。

bamboo 竹子

第四节
用思维导图法增加词汇量

> **想一想**
>
> - 你能写出多少个由act（行动）衍生出来的单词呢？

思维导图是表达发散性思维的一种思维工具，在全球的应用非常广，新加坡教育部更是将思维导图列为小学必修科目。思维导图的主要目标就是把要记忆的内容（一般是记忆量比较大的内容）以框架的形式呈现在大脑中。因为英语单词的数量庞大，所以也适合用思维导图的形式来整理。

类别一：同一词根

1. 加前缀

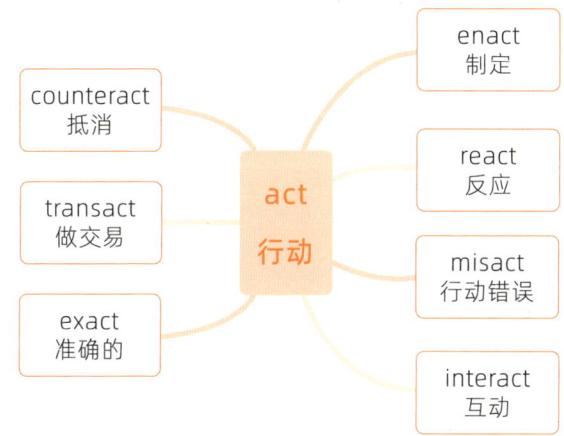

2. 加后缀

3. 加前后缀

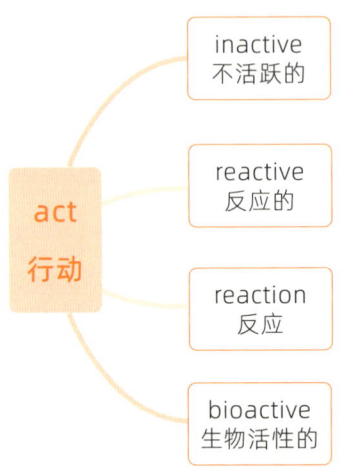

类别二：同一前缀

类别三：同一后缀

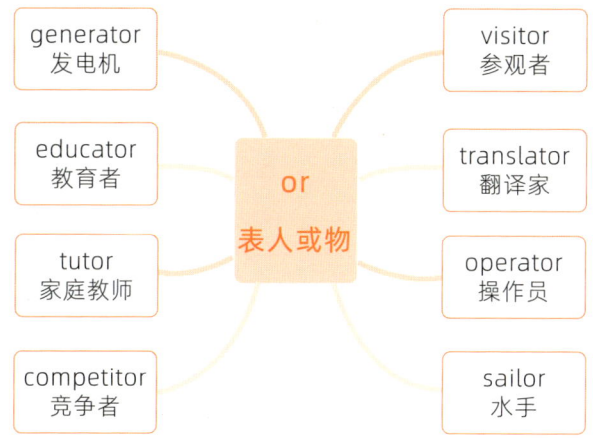

类别四：含有相同字母

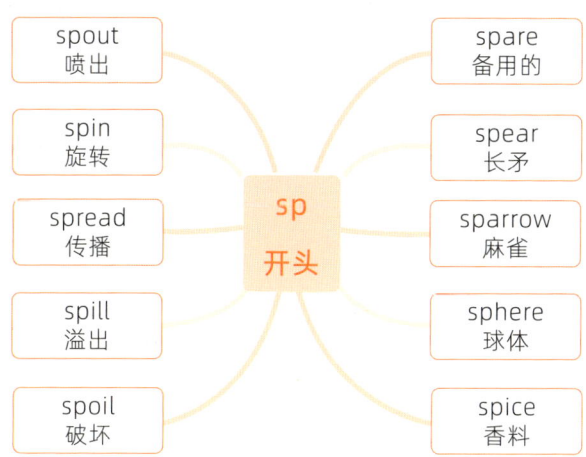

以下10个单词都是以 sp 开头，我们把它暂定义为"superman 超人"。

单词	拆分	联想	出图
spare 备用的	sp（超人）+ are（是）	超人是备用的	
spear 长矛	sp（超人）+ ear（耳朵）	超人从耳朵里掏出来一根长矛	
sparrow 麻雀	sp（超人）+ arrow（箭）	超人用箭射麻雀	
sphere 球体	sp（超人）+ here（这里）	超人在这里放了一个球体	
spice 香料	sp（超人）+ ice（冰）	超人吃冰加香料	
spoil 破坏	sp（超人）+ oil（油）	超人用油搞破坏	

续表

单词	拆分	联想	出图
spill 溢出	sp（超人）+ ill（生病）	超人生病吃药，药溢了出来	
spread 传播	sp（超人）+ read（读书）	超人爱读书的事传播开了	
spin 旋转	sp（超人）+ in（里面）	超人在屋子里面旋转	
spout 喷出	sp（超人）+ out（出去）	超人把水喷出去	

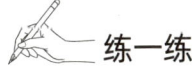 练一练

你能在 100 秒内记住以 sp 开头的 10 个单词吗?

第五节
《新概念英语》轻松记

> **想一想**
> - 你认为前面章节中记中文文章的方法可以用来记英语文章吗?

记英语文章的方法和记中文文章的一样。看到英语文章我们不要慌了手脚,按照记中文文章的步骤记忆,同样可以轻松记住。

记文章遵循记忆四步法:理解,熟读,取关键字,记忆。

案例 1

Percy Buttons

I have just moved to a house in Bridge Street. Yesterday a beggar knocked at my door. He asked me for a meal and a glass of beer. I gave him a meal. He ate the food and drank the beer. In return for this, the beggar stood on his head and sang songs. Then he put a piece of cheese in his pocket and went away. Later a neighbour told me about him. Everyone knows him. His name is Percy Buttons. He calls at every house in the street once a month and always asks for a meal and a glass of beer.

1. 理解

我们先把英文翻译成中文,然后把文章分段,这样思路就更清晰了。

> **Percy Buttons**
>
> 1. I have just moved to a house in Bridge Street.
> 我刚刚搬进了大桥街的一所房子。
>
> 2. Yesterday a beggar knocked at my door. He asked me for a meal and a glass of beer. I gave him a meal. He ate the food and drank the beer.
> 昨天一个乞丐来敲我的门,问我要一顿饭和一杯啤酒。我给了他吃的。他把食物吃完,又喝了酒。
>
> 3. In return for this, the beggar stood on his head and sang songs. Then he put a piece of cheese in his pocket and went away.
> 作为回报,那乞丐头顶地倒立起来,嘴里还唱着歌。然后他把一块乳酪装进衣服口袋里走了。
>
> 4. Later a neighbuour told me about him. Everyone knows him. His name is Percy Buttons.
> 后来,一位邻居告诉了我他的情况。大家都认识他,他叫珀西·巴顿斯。
>
> 5. He calls at every house in the street once a month and always asks for a meal and a glass of beer.
> 他每个月去街上的人家一次,总是要一顿饭和一杯啤酒。

2. 熟读

读到顺畅、不卡壳,尽量记住关键字词。

3. 取关键字

move, Bridge Street 搬到大桥街

beggar, door, meal and beer 乞丐敲门,要饭和啤酒

stood on his head and sang songs 倒立唱歌

a piece of cheese 拿走乳酪

neighbour, Percy Buttons 邻居告知,名叫珀西·巴顿斯

calls at every house, meal and beer 去每家要饭和啤酒

4. 记忆

整篇文章用一句话概括:刚搬家的我遇到一个叫珀西·巴

顿斯的乞丐上门要饭和啤酒。这是一个小故事，边读在脑中就可以边想象出对应的画面，所以我们可以使用故事法来记忆。

案例 2

Taxi

Captain Ben Fawcett has bought an unusual taxi and has begun a new service. The 'taxi' is a small Swiss aeroplane called a 'Pilatus Porter'. This wonderful plane can carry seven passengers. The most surprising thing about it, however, is that it can land anywhere: on snow, water, or even on a ploughed field. Once he landed on the roof of a block of flats and on another occasion, he landed in a deserted car park. Captain Fawcett has just refused a strange request from a businessman. The man wanted to fly to Rockall, a lonely island in the Atlantic Ocean, but Captain Fawcett did not take him because the trip was too dangerous.

1. 理解

同样,我们先把英文翻译成中文,然后把文章分段,这样思路就更清晰了。

Taxi

① Captain Ben Fawcett has bought an unusual taxi and has begun a new service.
本·弗西特机长买了一辆不同寻常的出租汽车,并开始了一项新的业务。

② The 'taxi' is a small Swiss aeroplane called a 'Pilatus Porter'. This wonderful plane can carry seven passengers.
这辆"出租汽车"是一架小型瑞士飞机,叫"皮勒特斯·波特"号。这架奇妙的飞机可以载7名乘客。

③ The most surprising thing about it, however, is that it can land anywhere: on snow, water, or even on a ploughed field. Once he landed on the roof of a block of flats and on another occasion, he landed in a deserted car park.
然而,最令人惊奇的是它能够在任何地方降落:雪地上、水面上,甚至刚耕过的田里。一次,他把飞机降落在了一栋公寓楼的屋顶上;还有一次,降落在了一个废弃的停车场上。

④ Captain Fawcett has just refused a strange request from a businessman. The man wanted to fly to Rockall, a lonely island in the Atlantic Ocean, but Captain Fawcett did not take him because the trip was too dangerous.
弗西特机长刚刚拒绝了一位商人的奇怪要求。这个人想要飞往大西洋的一个孤岛——罗科尔岛,弗西特机长之所以不送他去是因为那段飞行太危险了。

2. 熟读

读到顺畅、不卡壳,尽量记住关键字词。

3. 取关键字

Captain Ben Fawcett(本·弗西特机长), bought(买), taxi(出租车)

Swiss aeroplane(瑞士飞机), carry seven passengers(载7名乘客)

land anywhere: on snow, on water, on a ploughed field, on the roof, in a deserted car park(降落在任何地方:雪地上,水面上,耕过的田里,屋顶,废弃的停车场)

refused(拒绝), fly to Rockall(飞往罗卡尔), dangerous(危险的)

4. 记忆

这是一篇写飞机的说明文,分别从三个角度介绍了飞机:它的基本信息、它能降落的地点、一次拒飞经历,所以适合用思维导图法来记忆。

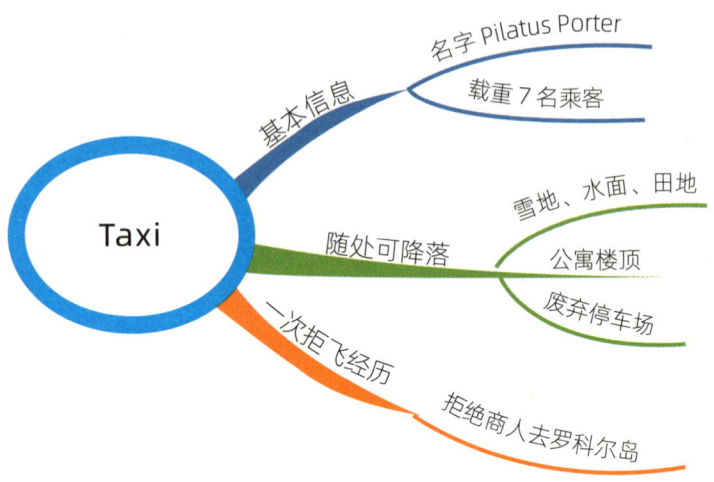

 练一练

你能边画图边记忆 Percy Buttons 这篇文章吗?

第六章

学霸记忆法

第一节
快速区分易读错字词

> **想一想**
>
> ● 你能准确朗读出下列词语吗?
>
> 优惠券　应和　粗犷　徘徊　狩猎　畸形　禅让　针灸

这是上面词语中易读错字的读音。

优惠**券**	quàn	应**和**	hè
粗**犷**	guǎng	徘**徊**	huái
狩猎	shòu	**畸**形	jī
禅让	shàn	针**灸**	jiǔ

如何快速记住容易读错的字词？用联想法。

联想法分两步走,第一步,找一个发音相同的字;第二步,联想编故事。

案例1:易读错的词语

本字	同音字	联想记忆
优惠**券**(quàn)	劝	你劝我买东西要用优惠券
粗**犷**(guǎng)	广	广播里传来的声音很粗犷
狩**猎**(shòu)	兽	狩猎场里有很多野兽
禅让(shàn)	扇	历史老师边扇着扇子边讲着古代皇帝禅让的故事
应**和**(hè)	鹤	我唱着歌,仙鹤的叫声应和着我的歌声
徘**徊**(huái)	怀	一个怀孕的女人在路口徘徊
畸形(jī)	鸡	这只鸡是畸形的
针**灸**(jiǔ)	久	这次针灸的时间需要很久

案例 2：易读错的成语

本字	同音字	联想记忆
诲人不倦（huì）	会	你受邀参加了一场会议，这场会议的老师诲人不倦
一哄而散（hòng）	哄	老师一进教室，几个瞎起哄的学生一哄而散
爱憎分明（zēng）	增	随着年龄的增长，我越来越爱憎分明
博闻强识（zhì）	志	你立志成为一个博闻强识的老师
面面相觑（qù）	趣	你们看了看眼前这个有趣的机器人，面面相觑
暴殄天物（tiǎn）	舔	你舔了一口手里的帝王蟹就扔了，简直是暴殄天物
杞人忧天（qǐ）	乞	那个乞丐担心天会塌，真是杞人忧天
邯郸学步（hán）	寒	她在寒冷的冬天学别人跳冰上舞蹈，无奈却是邯郸学步

 练一练

你能用联想法记忆成语"吹毛求疵"吗?

本字	同音字	联想记忆
吹毛求疵(cī)	?	?

第二节
快速区分易写错字词

想一想

- 请在正确答案上打钩。

A	B
爆炸	暴炸
座右铭	坐右铭
爆发户	暴发户
安详	安祥
脉膊	脉搏
讲义气	讲意气
凑和	凑合
金钢钻	金刚钻

上面的答案为:

A	B
爆炸 √	暴炸
座右铭 √	坐右铭
爆发户	暴发户 √
安详 √	安祥
脉膊	脉搏 √
讲义气 √	讲意气
凑和	凑合 √
金钢钻	金刚钻 √

如何快速记住容易写错的字词?用联想法。

联想法分两步走:第一步,找一个书写相同的字;第二步,联想编故事。

案例1：易读错的词语

本字	同形字	联想记忆
爆炸	爆米花	你制作爆米花的时候发生了爆炸
座右铭	座位	你在座位上刻上了你的座右铭
暴发户	沙尘暴	沙尘暴把那个暴发户吹走了
安详	详细	爷爷安详地坐在摇椅上，详细地给我讲他小时候的故事
脉搏	搏斗	搏斗后很久，你的脉搏才慢慢平稳下来
讲义气	仗义	你这个人很仗义，非常讲义气
凑合	合理	你虽然说得不太合理，但凑合着可以接受吧
金刚钻	刚才	我刚才把金刚钻给弄丢了

案例2：易读错的成语

本字	同形字	联想记忆
英雄辈出	老前辈	你认识的一个老前辈生活在英雄辈出的年代
金榜题名	题目	这些题目你都做对了就一定能够金榜题名

续表

本字	同形字	联想记忆
川流不息	四川	这条街人来人往，川流不息，有很多四川来的游客
谈笑风生	学生	一群学生聚在一起谈笑风生
夜幕降临	屏幕	你的手机屏幕是一幅夜幕降临的画
别出心裁	裁缝	这个裁缝别出心裁地给我裁了件衣服
再接再厉	厉害	你今天表现得真厉害，再接再厉
兵荒马乱	荒山野岭	那一年兵荒马乱，他藏在荒山野岭里

练一练

你能用联想法记忆成语"不名一文"吗？

本字	同音字	联想记忆
不名一文	？	？

第三节
快速书写复杂文字

想一想

- 你能快速记住下列字的读音和书写吗?

  踽(jǔ)踽独行　　瓜瓞(dié)绵绵

  鳞次栉(zhì)比　　沆瀣(xiè)一气

如何快速记住复杂文字的读音和书写?用拆分联想法。

拆分联想法

拆分联想法分三步走:第一步,把文字拆分;第二步,找一个发音相同的字;第三步,联想编故事。

案例 1

本字	拆分	同音字	联想记忆
踽（jǔ）踽独行	足 + 禹	举	大禹把足（一只脚）举了起来
瓜瓞（dié）绵绵	瓜 + 失	蝶	瓜丢失了，瓜田里的蝴蝶也飞走了
		喋	瓜丢失了，瓜农气得喋喋不休
		叠	瓜丢失了，瓜农气得叠起被褥回家了
鳞次栉（zhì）比	木 + 节	质	这一节木头的质量很高
		智	他的智商很高，能把木头砍成一节一节的
		志	他的志趣就是把木头砍成一节一节的
沆瀣（xiè）一气	氵（水）+ 歹（餐）+ 又 + 韭	泻	早晨起来我喝了杯水后吃了早餐，又吃了韭菜，结果一泻千里

案例 2

本字	拆分	同音字	联想记忆
圭（guī）	两块土	龟	你用两个土块夹住了一只乌龟
垚（yáo）	三块土	摇	三个土块垒在一起摇摇欲坠
炎（yán）	两团火	盐	你用两团火把盐烧化了
焱（yàn）	三团火	焰	今天的焰火飞入天空形成了三团火焰，照射出"我爱你"三个字
燚（yì）	四团火	羿	后羿射出去四支箭，把天上的四个太阳射了下来

案例 3

陕西有一种面叫作"biáng biáng 面",那么这个字该怎么记住它呢?我们使用歌诀法。第一步,把文字拆分;第二步,编歌诀。

穴字在前头,
言字往里走。
左一扭,右一扭,
两边痕迹都很长,
中间坐个马大王。
心字底,月字旁,
立把大刀身后藏,
骑着车车逛咸阳。

 练一练

请边背歌诀边写出"biáng"字。

第四节
快速积累成语

> **想一想**
>
> - 你能在 20 秒内快速记住以下 5 个描写人物品质的成语吗?
>
>   平易近人　锲而不舍　持之以恒　临危不惧　宽宏大度

人物桩法 + 身体桩法

案例 1:记忆描写人物品质的成语

平易近人、锲而不舍、持之以恒、临危不惧、宽宏大度。

第一步,用人物桩法,先选定一个人物,品质高尚的人,那就选圣人孔子。

第二步,用身体桩法,在孔子身上找 5 个有特点的部位,用来记这 5 个成语。

第三步,把要记的词语定到孔子的身体部位上,也就是记忆万能公式里的定桩。

成语	词义	出图	联想定桩
平易近人	态度温和，为人和蔼可亲，使人容易接近	"平易"谐音"平移"	孔子的发髻歪了，他就伸手把发髻平移了一下，放正了
锲而不舍	不断地镂刻，比喻有恒心、有毅力	"锲"字谐音"茄子"	孔子的额头像茄子一样圆鼓鼓的
持之以恒	有恒心地坚持下去	取"持"字	孔子手持教棒
临危不惧	面对危险，一点也不害怕	"临"字转化成"临摹"	孔子临摹书上的文字
宽宏大度	形容度量大，能容人	"大度"转化成"大肚子"	孔子用袖子盖住大肚子

案例 2：记忆描写人物智慧的成语

大智若愚、才华横溢、博古通今、料事如神、足智多谋。

第一步，用人物桩法，先选定一个人物，充满智慧的人，那就选诸葛亮。

第二步，用身体桩法，在诸葛亮身上找 5 个有特点的部位，用来记这 5 个成语。

第三步，把要记的词语定到诸葛亮的身体部位上，也就是记忆万能公式里的定桩。

成语	词义	出图	联想定桩
大智若愚	才智很高而不露锋芒,表面上看好像愚笨	取"愚"字转化成"鱼"	诸葛亮的发簪是鱼形状的
才华横溢	才华充分显露出来	溢了出来	诸葛亮的胡子长得太茂盛了,都溢了出来
博古通今	对古代的事知道很多,又通晓现代的事情	取"博"字	看到诸葛亮的脖子想到"博"
料事如神	预料事情就如同神一样	取"料"字转化成"材料"	诸葛亮的扇子是特殊材料
足智多谋	富有智慧,善于谋划	取"足"字	看到诸葛亮的脚想到"足"

案例 3：记忆描写人物仪态的成语

意气风发、风度翩翩、文质彬彬、神采奕奕、落落大方。

第一步，用人物桩法，先选定一个仪态姣好的人物，那就选一个古装男子。

第二步，用身体桩法，在古装男子身上找 5 个有特点的部位，用来记这 5 个成语。

1. 头发
2. 扇子
3. 腰带
4. 飘带
5. 玉佩

第三步，把要记的词语定到古装男子的身体部位上，也就是记忆万能公式里的定桩。

成语	词义	出图	联想定桩
意气风发	形容精神振奋,气概豪迈	"风发"转化成风吹起头发	风吹起古装男子的头发
风度翩翩	形容举止洒脱,气质不凡	取"风"字;"翩翩"转化成"翩翩起舞"	古装男子边用扇子扇风边翩翩起舞
文质彬彬	形容文雅有礼貌	"文质"谐音"文字"	古装男子的腰带上刺有文字
神采奕奕	形容精力旺盛,容光焕发	取"神"字	古装男子衣服上的飘带看起来很神气
落落大方	指人的言谈举止自然大方	取"落"字转化成落下来;"大方"转化成大的、方的	古装男子腰间落下来一个大的方形的玉佩

 **练一练**

除了上面的方法,你能用串字法分别记忆这三组成语吗?

1. 平易近人、锲而不舍、持之以恒、临危不惧、宽宏大度

2. 大智若愚、才华横溢、博古通今、料事如神、足智多谋

3. 意气风发、风度翩翩、文质彬彬、神采奕奕、落落大方

第五节
速记传统文化常识题

想一想

- 你能快速记住以下古代年龄称谓吗?

20 岁	弱冠之年(指男子)
30 岁	而立之年
40 岁	不惑之年
50 岁	知命之年
60 岁	花甲之年
70 岁	古稀之年
80~90 岁	耄耋(mào dié)之年
100 岁	期颐之年

案例 1：记忆古代年龄称谓

首先，理解古代为什么会有这样的称谓。

20 岁	弱冠之年（指男子）	弱是少年的意思，冠是帽子，弱冠就是给少年戴上帽子，即行加冠礼，行完加冠礼之后就表示这个少年成年了
30 岁	而立之年	这个年纪能够自立并且对自己、对社会有一定认知
40 岁	不惑之年	这个年纪能够辨是非、不疑惑
50 岁	知命之年	这个年纪该知天命，不再较真了
60 岁	花甲之年	旧时用天干和地支相互配合作为纪年，六十年为一花甲
70 岁	古稀之年	能活到这个年纪在古代是很稀少的
80～90 岁	耄耋之年	出自曹操的《对酒歌》中的"人耄耋，皆得以寿终"，意思是人年纪大了，都能长寿而终老
100 岁	期颐之年	期望颐养天年的年纪

然后，根据记忆万能公式来记忆，这里需要用到公式里的前两步"出图＋联结"。

年龄	出图	联结
20岁 弱冠之年（指男子）	摩托车 取"冠"字转化成"罐子"	你骑摩托车的时候头上顶个罐子
30岁 而立之年	森林里的毛毛虫 取"立"字转化成"立了起来"	森林里的毛毛虫立了起来
40岁 不惑之年	司令枪 "不惑"谐音"不活"	你拿司令枪指着我，我不活了
50岁 知命之年	武林高手的筋斗云 "知命"谐音"致命"	武林高手的筋斗云能散发毒气，可致命
60岁 花甲之年	榴梿 "花甲"转化成可吃的花甲	你剥开榴梿，发现里面全是花甲

续表

年龄	出图	联结
70岁 古稀之年	麒麟 "古稀"转化成鼓上的西瓜	麒麟飞到鼓上吃西瓜
80～90岁 耄耋之年	埃菲尔铁塔 "耄耋"转化成帽子叠在一起	你把帽子叠放在埃菲尔铁塔上
100岁 期颐之年	激光剑 "期颐"谐音"奇异"	你用激光剑射穿了奇异果

案例2：记忆"四书五经"

"四书"：《大学》《中庸》《论语》《孟子》。

《大学》是"四书"之首，教人修身、齐家、治国、平天下。

《中庸》倡导中和之道。

《论语》是记录孔子及其弟子言行的书。

《孟子》是战国时期儒家代表人物孟子的言论汇编。

串字法：取关键字"四、大、中、论、孟"转化成"四大钟论梦"，可理解为四个大钟被敲醒后讨论各自做的梦。

"五经"：《周易》《诗经》《尚书》《礼记》《春秋》。

《周易》是"五经"之首。相传孔子读《周易》入迷，甚至把绑竹简的牛皮带子都翻断了好几次。

《诗经》是指孔子编订的从西周到春秋中期的诗歌总集。

《尚书》意为"上古之书"，是一部收录上古历史文件和一些追述古代事迹的作品。

《礼记》记录的是战国至西汉的礼制、礼仪等社会生活。

《春秋》是孔子修订的一部鲁国的编年体史书。

串字法：取关键字"五、易、诗、书、礼、春"转化成"五一诗书立春"，可理解为五一节那天诗书上写着"立春"。

你能用串字法记忆"唐宋八大家"吗？

唐宋八大家：韩愈、柳宗元、欧阳修、苏洵、苏轼、苏辙、王安石、曾巩。

第六节
速记中国历史朝代和历史年代

> **想一想**
>
> - 你能快速记住中国历史朝代吗?
>   夏、商、周、秦、汉、三国、晋、十六国、南北朝
>   隋、唐、五代十国、辽、宋、西夏、金、元、明、清

案例 1: 历史朝代

朝代	串字歌诀法	释义
夏、商、周、秦、汉	虾商周秦汉	一个卖虾的商人叫周秦汉
三国、晋、十六国、南北朝、隋	三进十男随	三个买家进来找他,外加十个男的跟随着

续表

朝代	串字歌诀法	释义
唐、五代十国、辽、宋、西夏	糖屋聊送西	他们在一个用糖做的屋子里聊配送西瓜的事
金、元、明、清	金元明清归	买家说:"今天没带钱,金元宝明天清晨归还。"

案例 2: 历史事件及年代

历史事件及年代	出图	联结
秦始皇统一中国	秦始皇	
公元前 221 年	"前"转化成"钱";"21"谐音"鳄鱼","221"转化成 2 条鳄鱼	秦始皇用钱买了 2 条鳄鱼协助他统一了中国
唐朝建立 618 年	"唐"转化成"糖"谐音"留一把"	你要把糖留一把给妈妈

续表

历史事件及年代	出图	联结
庄子出生 公元前 369 年	"庄子"转化成"桩子" "前"转化成"钱"; 369 转化成三六九等	你用钱买来木桩子,把它们分成三六九等
五四运动 1919 年	爱国运动 谐音"要救要救"	你参加五四爱国救亡运动,大喊"要救要救"
郑和下西洋 1405 年	郑和乘船下西洋 谐音"钥匙礼物"	郑和乘船下西洋的时候送给外国人钥匙当礼物
鸦片战争 1840 年	鸭子 谐音"一把司令" 1840 	鸭子叼过来一把司令枪 鸭子捧起罐子倒出来一把司令枪

练一练

如何快速记忆"1839 年林则徐虎门销烟"?

第七节
速记历史常识题

> **想一想**
>
> ● 如何快速记忆"春秋五霸"?

案例1:记忆中国古代神医的主要贡献

人物	主要贡献
张仲景	《伤寒杂病论》
华佗	麻沸散
李时珍	《本草纲目》
宋应星	《天工开物》
贾思勰	《齐民要术》

人物及贡献	出图	联结
张仲景	取"景"字转化成"风景"	你看风景的时候风太大不小心染上了伤寒
《伤寒杂病论》	取"伤寒"	
华佗	取"佗"转化成"驮"	你驮着麻袋
麻沸散	取"麻"转化成"麻袋"	
李时珍	取"珍"转化成"珍宝"	你把珍宝都藏在了草里
《本草纲目》	取"草"	
宋应星	取"星"转化成"星星"	星星在天上
《天工开物》	取"天"	
贾思勰	取"思勰"转化成"丝鞋"	农民穿的是用丝做的鞋子
《齐民要术》	取"民"转化成"农民"	

案例2：记忆著名音乐家的头衔

人物	头衔
海顿	交响乐之父
李斯特	钢琴之王
贝多芬	乐圣
舒伯特	歌曲之王
约翰·斯特劳斯	圆舞曲之王

人物及头衔	出图	联结
海顿 交响乐之父	海王拿着盾牌 "交响"转化成"交叉发出响声"	海王拿着两个盾牌，交叉起来发出响声
李斯特 钢琴之王	吃李子的特务 钢琴	特务边吃李子边弹钢琴
贝多芬 乐圣	取"贝"字转化成"贝壳" "乐"转化成乐器	你用贝壳弹乐器

续表

人物及头衔	出图	联结
舒伯特 歌曲之王	取"舒伯"转化成"叔叔伯伯" 唱歌	你和叔叔伯伯们在一起唱歌
约翰·斯特劳斯 圆舞曲之王	"斯特劳斯"转化成"穿着丝绸的特务劳累而死" 跳圆圈舞	穿着丝绸的特务跳圆圈舞劳累而死

案例 3：记忆春秋五霸

春秋五霸
齐桓公、晋文公、楚庄王、吴王阖闾、越王勾践
串字法：五霸齐进出五岳

案例4：记忆中国古代十大悲剧

名称	简介
《窦娥冤》	窦娥被无赖诬陷，又被官府错判斩刑的冤屈故事
《汉宫秋》	汉元帝受匈奴威胁，被迫送爱妃王昭君出塞和亲的故事
《赵氏孤儿》	晋灵公武将屠岸贾杀赵盾家族，赵氏遗孤长大后报仇雪恨的故事
《琵琶记》	汉代书生蔡伯喈（jiē）与赵五娘悲欢离合的故事
《娇红记》	王娇娘和书生申纯的爱情因不被准许而双双殉情的悲剧
《精忠旗》	南宋抗金名将岳飞被卖国贼秦桧谋害的故事
《清忠谱》	明末东林党人反抗宦官魏忠贤的事迹
《长生殿》	借唐玄宗和杨贵妃的故事写国家衰败
《桃花扇》	借明末文人侯方域与秦淮艳姬李香君悲欢离合的故事写国家衰亡
《雷峰塔》	白娘子违反、破坏封建统治秩序，最后以失败告终的故事

	中国古代十大悲剧
串字法	交警情场逃，都喊找琵琶累 （交——《娇红记》，警——《精忠旗》，情——《清忠谱》，场——《长生殿》，逃——《桃花扇》，都——《窦娥冤》，喊——《汉宫秋》，找《赵氏孤儿》，琵琶——《琵琶记》，累——《雷峰塔》）
故事法	一只大鹅跑到宫里的长生殿，看到一个孤儿头顶着雷峰塔，正在照着棋谱弹琵琶，她的额头印着一枚桃花，脸色娇红。

练一练

据《尚书·禹贡》记载，尧帝时期，大禹治水，按照山川河流的走向，把全国划分为冀、兖、青、徐、扬、荆、豫、梁、雍九州。你能用串字法记住它们吗？

第八节
速记中国所有省市及简称

> **想一想**
>
> - 你能写出多少个中国省级行政区?

案例1:串字歌诀法记中国34个省级行政区

中国一共有34个省级行政区,包含:

4个直辖市:北京市、天津市、重庆市、上海市;

2个特别行政区:香港特别行政区、澳门特别行政区;

5个自治区:内蒙古自治区、宁夏回族自治区、新疆维吾尔自治区、西藏自治区、广西壮族自治区;

23个省:黑龙江省、吉林省、辽宁省、陕西省、甘肃省、青海省、四川省、云南省、海南省、贵州省、福建省、浙江省、安徽省、河北省、河南省、山西省、山东省、江苏省、江西省、湖北省、湖南省、广东省、台湾地区。

第一步，我们取各省级行政区的首字（香港取"港"）；第二步，运用谐音法把首字串起来编成一个歌诀。

歌诀	释义	对应省级行政区
白天重上港澳台	白天我重新登上了去港澳台的飞机	北京、天津、重庆、上海、香港、澳门、台湾
黑极了，内扇甘柠，清新	坐下来之后发现外面的天黑极了，乘务员武功高强，在机舱内用扇子给我扇过来一杯甘蔗柠檬水，我喝了一口，味道很清新	黑龙江、吉林、辽宁、内蒙古、陕西、甘肃、宁夏、青海、新疆
西四云	这时候从西边飘过来四朵云	西藏、四川、云南

续表

歌诀	释义	对应省级行政区
海归扶着俺,河山江湖广	我身边的海归一把扶着俺的胳膊,发出一句感叹:"我们国家的河山江湖广阔呀!"	海南、贵州、福建、浙江、安徽、河南、河北、山东、山西、江苏、江西、湖南、湖北、广东、广西

案例 2:联想法记各省级行政区简称

各省级行政区简称分为两种,一种是从名称中取一个字,比如说北京取"京"字,如下表。

省级行政区	简称	省级行政区	简称
北京	京	甘肃	甘或陇
天津	津	宁夏	宁
香港	港	青海	青
澳门	澳	新疆	新

续表

省级行政区	简称	省级行政区	简称
台湾	台	西藏	藏
黑龙江	黑	四川	川或蜀
吉林	吉	云南	云或滇
辽宁	辽	贵州	贵或黔
内蒙古	内蒙古	浙江	浙
陕西	陕或秦	江苏	苏

还有一种是用其他具有代表意义的字来代替，如下表。

	出图	联想
重庆——渝	重复庆祝——鱼	重复庆祝钓到一条大鱼
上海——沪	海上——三户	海上住着三户人家
海南——琼	海南椰子——穷	我吃不起海南椰子，因为穷
福建——闽	福字——抿	你把福字贴在抿起的嘴巴上
安徽——皖	徽章——碗	你把徽章放进碗里
河南——豫	河里的男孩——洗浴	河里的男孩在洗浴

续表

	出图	联想
河北——冀	喝杯——鸡尾酒	喝杯鸡尾酒
山东——鲁	山洞——卤肉饭	躲在山洞里吃卤肉饭
山西——晋	山里西瓜——进来	山里进来一个西瓜
江西——赣	江上西瓜——干活	在江上干活种西瓜
湖南——湘	湖里的南瓜——香气	湖里的南瓜散发着香气
湖北——鄂	湖上的杯子——鳄鱼	湖上的杯子里爬出来一条鳄鱼
广东——粤	广场上的冬瓜——跃	你从广场上的冬瓜上跃过去
广西——桂	广场上的西瓜——桂花	广场上卖的西瓜上都插着桂花

练一练

你能在 30 秒内背完中国 34 个省级行政区吗?

第九节
速记国家及首都

想一想

- 你知道这是哪个国家的国旗吗？它的首都是哪儿呢？

亚洲国家(部分)

国家及首都	出图	联想
蒙古 乌兰巴托(首都)	蒙古包 乌龟拦住巴士并把它托了起来	从蒙古包里爬出来一只乌龟,乌龟拦住巴士然后把它托了起来
老挝 万象(首都)	老虎窝 一万头大象	从老虎窝里跑出来一万头大象
马来西亚 吉隆坡(首都)	马来洗牙 叼着鸡笼去爬坡	马来洗牙,洗完牙后它叼着鸡笼去爬坡

续表

国家及首都	出图	联想
越南	月亮上的南瓜	月亮上的南瓜掉进了河内
河内（首都）	河内	
柬埔寨	简朴的寨子	我看到一个简朴的寨子竟然镶着金边
金边（首都）	金色的边	
印度尼西亚	印泥	医生把印泥印在我的牙上，跟我说："你的牙要加大一些才好看。"
雅加达（首都）	牙加大	
东帝汶	东方的国家低温	东方的国家很低温，但是皇帝很有力气
帝力（首都）	皇帝有力气	

续表

国家及首都	出图	联想
不丹 廷布（首都）	穿着布鞋的乔丹 停住了脚步	穿着布鞋的乔丹停住了脚步
孟加拉国 达卡（首都）	孟子回家拉了个锅 大卡	孟子回家拉了个锅，锅里放着一张大卡
马尔代夫 马累（首都）	马尔大夫 马累了	马尔大夫的马累了
伊朗 德黑兰（首都）	一个新郎 得到黑色的兰花	一个新郎得到黑色的兰花

续表

国家及首都	出图	联想
叙利亚	须里牙	小马的胡须里有颗牙齿,你要去抢,它说:"大马是我哥,你别乱来。"
大马士革(首都)	大马是哥	
约旦	约在元旦	我跟朋友约在元旦那天安静地漫步
安曼(首都)	安静地漫步	
卡塔尔	卡车撞到了塔儿	卡车撞到了塔儿,很多哈士奇从塔儿上掉了下来
多哈(首都)	很多哈士奇	
阿塞拜疆	阿姨塞白姜	阿姨往兜里塞了很多白姜,其中有八个很苦
巴库(首都)	八苦	

欧洲国家（部分）

国家及首都	出图	联想
俄罗斯	鹅走在螺丝上	鹅坚持要走在尖尖的螺丝上，你跟它们说道："莫要死磕。"
莫斯科（首都）	莫要死磕	
乌克兰	乌鸡孵出了几颗蓝色的蛋	乌鸡孵出了几颗蓝色的蛋，藏在鸡的腹部
基辅（首都）	鸡腹	
波兰	菠菜篮子	菠菜篮子里被华仔撒了很多沙子
华沙（首都）	华仔撒沙子	
匈牙利	匈奴人的牙齿很锋利	匈奴人的牙齿很锋利，连布达拉宫的喇嘛都佩服死了
布达佩斯（首都）	布达拉宫的喇嘛佩服死了	
保加利亚	保护家里的鸭子	你为了保护家里的鸭子，锁住了会飞的鸭子
索非亚（首都）	锁住飞鸭	

续表

国家及首都	出图	联想
意大利 罗马（首都）	一大梨 骡子和马	我在吃一大梨，骡子和马跟我要
葡萄牙 里斯本（首都）	葡萄牙齿 历史本	我把葡萄从牙齿里掏出来，粘到历史本上

南美洲国家（部分）

国家及首都	出图	联想
哥伦比亚 波哥大（首都）	哥哥把轮子搬到了比亚迪车上 拨打大哥大	哥哥把轮子搬到了比亚迪车上，然后拨打了大哥大，让人来取
厄瓜多尔 基多（首都）	恶霸吃西瓜吃到很多耳朵 鸡很多	恶霸吃西瓜吃到很多耳朵，旁边鸡很多，它们也要来抢

续表

国家及首都	出图	联想
秘（bì）鲁 利马（首都）	壁炉 立马	壁炉里的火很旺，立马热了起来
玻利维亚 拉巴斯（首都）	玻璃围住了维多利亚 喇叭撕碎	玻璃围住了维多利亚，她气得把喇叭撕碎了
巴西 巴西利亚（首都）	八个西瓜 八个西瓜里有鸭子	八个西瓜里都有鸭子
智利 圣地亚哥（首都）	智力 旅游胜地压鸽子	一个智力有问题的人在旅游胜地压死了很多鸽子
巴拉圭 亚松森（首都）	巴士拉着龟 押送到森林里	巴士拉着一个龟，要把它押送到森林里去

北美洲国家(部分)

国家及首都	出图	联想
加拿大	加菲猫拿着大枫叶	加菲猫拿着一个很大的红色枫叶,说:"我太豪华了!"
渥太华(首都)	我太豪华	
尼加拉瓜	你家拉瓜	我去你家拉瓜,我的马也帮着拿了一个瓜
马那瓜(首都)	马拿瓜	
哥斯达黎加	哥哥死在大梨家	哥哥死在大梨家,大梨为了平复心情,约圣诞老人去河边赛马
圣何塞(首都)	圣诞老人河边赛马	
牙买加	牙齿买家	一个牙齿买家的牙不好,金丝猴蹲在那儿嘲笑他
金斯敦(首都)	金丝猴蹲	
海地	海底	海底有太子的港口
太子港(首都)	太子的港口	

非洲国家（部分）

国家及首都	出图	联想
埃及 开罗（首都）	埃及金字塔 开出萝卜	埃及金字塔上开出了萝卜
苏丹 喀土穆（首都）	苏州的丹顶鹤 卡在土墓里	苏州的丹顶鹤被卡在土墓里
阿尔及利亚 阿尔及尔（首都）	二儿子买了吉利车呀 二儿子买鸡耳	二儿子买了吉利车呀，他又买了鸡耳朵庆祝
坦桑尼亚 多多马（首都）	摊上你呀 很多很多马	要摊上你呀，只有给她很多很多马才能解决
乌干达 坎帕拉（首都）	乌鸦不敢打架 砍怕啦	乌鸦不敢打架，因为被砍怕啦

续表

国家及首都	出图	联想
卢旺达	鹿王打架	鹿王打架,在鸡家里
基加利(首都)	鸡家里	
塞内加尔	塞给那家儿子	你把东西塞给那家的儿子,因为他是大咖的儿子
达喀尔(首都)	大咖的儿子	
冈比亚	钢笔呀	钢笔呀,是班主任儿子的
班珠尔(首都)	班主任儿子	
马里	马里奥	马里奥把马磕倒了
巴马科(首都)	把马磕	
几内亚	几个内向的亚洲人	几个内向的亚洲人把名字刻在了那壳里
科纳克里(首都)	刻那壳里	

续表

国家及首都	出图	联想
多哥	很多哥哥	很多哥哥喜欢洛丽塔的美
洛美（首都）	洛丽塔美	
中非	中国的飞机	中国的飞机在我们班级里
班吉（首都）	班级	

大洋洲国家（部分）

国家及首都	出图	联想
澳大利亚	澳大利亚的袋鼠	澳大利亚的袋鼠在看守所里吃培根拉面
堪培拉（首都）	看守所里吃培根拉面	

续表

国家及首都	出图	联想
新西兰	新买的西兰花	新买的西兰花要配惠灵顿牛排才好吃
惠灵顿（首都）	惠灵顿牛排	
帕劳	怕劳动	怕劳动的你在抱怨："怎么没来开奥克斯空调？"
梅莱凯奥克（首都）	没来开奥克斯空调	
瑙鲁	恼怒	你很恼怒，因为被压着了轮胎
亚伦（首都）	压轮胎	
图瓦卢	吐完咯	吐完咯，扶那扶梯走吧
富纳富提（首都）	扶那扶梯	

续表

国家及首都	出图	联想
斐济  苏瓦(首都)	飞机 苏联的瓦	飞机上运着苏联的瓦

练一练

请用联想法记忆马耳他的首都瓦莱塔。

第十节 速记地理常识题

> **想一想**
> - 你知道七大洲、四大洋分别是哪些吗?

案例1: 记忆七大洲和四大洋

	知识点	串字法
七大洲	非洲、亚洲、北美洲、南美洲、南极洲、欧洲、大洋洲	七飞鸭被二男殴打
四大洋	印度洋、北冰洋、太平洋、大西洋	四银杯太大

续表

知识点		串字法
东盟十国	文莱、柬埔寨、印度尼西亚、老挝、马来西亚、菲律宾、新加坡、泰国、缅甸、越南	老马新飞跃,太监印缅文

案例 2：记忆七大洲国家数量

七大洲国家数量						
非洲	亚洲	北美洲	南美洲	南极洲	欧洲	大洋洲
54	46	23	12	0	45	16

第一步，把文字和数字分别转化成图像；第二步，把两幅图像联结起来。

各洲及国家数量	出图	联想
非洲 54	飞 护士的针筒	迎面飞过来一个护士的针筒扎到了我身上
亚洲 46	鸭子 石榴	鸭子啄了一口掉在树下的石榴
北美洲 23	背煤 一休哥	一休哥往山上背煤球
南美洲 12	蓝莓 婴儿	婴儿吃蓝莓
南极洲 0	南极企鹅 0	南极的企鹅突然间消失为零了
欧洲 45	海鸥 师父的袈裟	海鸥叼着师父的袈裟飞过来

续表

各洲及国家数量	出图	联想
大洋洲	羊	羊踩到了仙人球
16	一溜一溜刺的仙人球	

案例3：记忆中国之最和世界之最

中国之最		
		联想
中国最大的湖泊	青海湖	你揪下一撮胡子扔进青色的海里
中国最大的盆地	塔里木盆地	你在盆里放进一尊木塔
中国最大的瀑布	黄果树瀑布	瀑布飞流而下，里面夹杂着大颗大颗的黄果子
中国最大的淡水湖	鄱阳湖	老婆婆的羊趴在水里找到颗蛋
中国最大的平原	东北平原	你盖着冬天的被子躺在平原上

世界之最		
		联想
世界上海拔最高的山峰	珠穆朗玛峰	猪、狼和马历经千辛万苦爬上了最高的山峰
世界上海拔最高的高原	青藏高原	清晨玄奘产生了高原反应
世界上最长的河流	尼罗河	你从泥里挖出来一个萝卜扔进河里
世界上最大的洋	太平洋	太太把一个大大的苹果塞进自己的洋装里
世界上最大的湖泊	里海	你把梨都泼进了海里

 练一练

请用联想法记忆中国最大的沙漠——塔克拉玛干大沙漠。

第七章

高效学习法

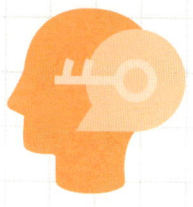

第一节
六大专注力训练方法

想一想

- 专注力小测试：

· 爸妈和你说话时，你经常心不在焉，低头想着自己的事情。
· 不提醒就不知道该干什么，做事没有条理。
· 容易打扰和被打扰，喜欢左顾右盼，人来疯。
· 玩耍时总是容易忘了时间，爱拖延。
· 上课总走神，爱捣乱。
· 不愿意接受别人的建议，不遵守纪律。
· 做作业边做边玩，效率低。
· 经常写错答案、漏写、跳字甚至串行。
· 兴趣多，好奇心强，但每样都坚持不下来。
· 粗心，简单的题总容易出错。

测试中一共有 10 个常见的场景，如果表现符合 5 个或 5 个以上，可能就是专注力不太够。通过查询专业书籍，采访身边的学霸，再结合自己的比赛经验，我总结了一套高含金量的提升专注力的好方法。

"与世隔绝"法

如果你在做某件事时总是被外界打断，那么可以采取"与世隔绝"法，将自己完全与外界隔断，屏蔽一切可能的干扰。要做到"与世隔绝"，我们需要分四步走。

第一步，确定自己未来几个小时内需要完成的学习任务；第二步，备齐学习所需要的学习资料和少量食物；第三步，收起包括手机、平板电脑在内的所有娱乐设备；第四步，确定一个适合学习的场所。

番茄钟法

之所以叫番茄钟，听说是因为欧洲厨师在煮番茄时需要使用时钟，来确保番茄烹饪的火候。如何使用番茄钟呢？

选择一个待完成的任务，将番茄时钟的时间设为25分钟，这段时间内注意力高度集中，中途不允许做任何与该任务无关的事，直到番茄时钟响起。然后进行短暂休息，一般是5分钟，然后再开始下一个番茄钟。每四个番茄钟后，休息25分钟。如果中途有非得马上做的事，那只能宣布此次番茄钟作废，需要重新计时。

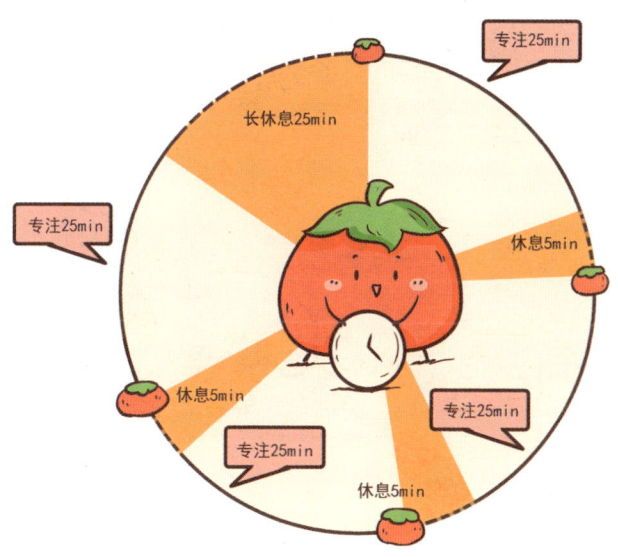

任务分割法

不同年龄段的孩子,注意力时长是不一样的。研究表明,2~3岁的孩子平均注意力时长是10分钟,4~6岁是10~15分钟,7~10岁是20分钟,12岁以上会超过30分钟。对于12岁以下的孩子,家长有必要结合孩子的实际情况,帮孩子把学习任务分割成两次或多次,完成一项之后休息一下再去完成另一项。这样化整为零会减轻孩子的心理负担,提高他们完成每一个学习任务的效率。

阶段性目标法

我们什么时候最专注呢？很多人都会有同一个答案，那就是玩游戏的时候最专注，而且能专注很长时间。因为游戏设置了很明确的目标，难度和我们的能力相匹配，达成目标可以获得一个宝箱或者解锁下一关卡。这个过程中我们可以获得高度的控制感和成就感。按照这个思路，家长也可以给孩子设定阶段性学习目标，达成这个目标就可以获得一个宝箱或者解锁一个愿望。这样的方式会引导孩子产生内驱力，更专注地向目标前进。

激励法

有人说：学习对我来说实在太枯燥了，一学习我就如坐针毡。没错，即便学习能够给我们带来成就感和财富，学习的过程还是会让我们产生疲惫、痛苦的感觉，这时候怎么办呢？我们需要自我激励。

比如在你心无旁骛地完成一项学习任务之后，就可以得到一个奖励，玩 5 分钟游戏或者吃四分之一块蛋糕。随后你继续学习，又完成一项学习任务之后，你再次获准玩 5 分钟游戏或者吃四分之一块蛋糕。这样学习就变成了一件有奔头的事了，学习中的痛苦感就会降低。

如果有些小伙伴还是很难管住自己，那么你可以跟你的同伴一起学习，通过惩罚来强迫自己保持专注。

一起学习之前，可以先制定一些规则，比如学习期间手机必须关机；其间最多上一次厕所；全程不许聊天、开小差；1 小时内必须完成这张试卷。如果违反了某项规定，就需要请所有人吃饭外加请大家喝一周的奶茶。相信为了不破财，人人的注意力都得百分之百集中了。

舒尔特方格训练法

舒尔特方格由美国神经心理医生舒尔特发明,最开始是用于训练飞行员的专注力的。

舒尔特方格在格子内填写 1~25 个数字。训练时,要求测试者按照 1~25 的顺序,指出位置并读出来。读完数字的用时越短,说明专注力的水平越高。当我们学习累了或者专注力不集中的时候可以用它来迅速拉回我们的注意力。航天英雄杨利伟读完 25 格只需要 3.04 秒,飞行员的平均成绩是 6.25 秒。舒尔特方格训练法除了能提升专注力,还能提高我们的阅读速度,接受一段时间的训练后甚至可以解锁"一目十行"的能力。

20	2	16	9	18
12	24	17	14	1
19	21	10	15	5
22	4	8	3	23
25	13	7	6	11

 练一练

请从图中找出 6 个隐藏的英语单词。

第二节
四大学霸学习法

— 想一想 —

- 你有没有遇到花了很多时间学习,成绩却一点也没有提高的情况呢?
- 你有没有过笔记做得很认真,成绩却提升不了的困扰呢?
- 你觉得整理错题有用吗?

花了时间却没有效果被称为"低效学习"或者"无效学习"。如何避开低效学习的坑呢?那就是实现高效学习。我通过查询各类专业书籍,访问身边的留学生和哈佛学霸,总结出了四条他们都认可或者正在用的高效学习的方法。

康奈尔笔记法

这个方法被称为学霸的必杀器，也是全世界公认的最好用的学习方法。它是20世纪60年代美国康奈尔大学的教授沃尔特·鲍克等人发明的，在此后的半个多世纪，这种方法风靡全球。康奈尔笔记法的目标是帮助学生有效地做笔记。它把一页纸分成了三部分：右边部分占整个页面的70%，叫作"主栏"，用于记录上课听到的知识；左边部分叫作"副栏"，占整个页面的15%，用于下课概括归纳右边的知识；最下面部分叫作"总结区"，占整个页面的15%，用来简短总结这页的内容并写出自己的思考。背诵的时候我们把右侧栏遮住，根据左侧的摘要提示，尽量完整地叙述出课堂上讲过的内容。

3C错题法

成绩上不去、学习了还是没进步很大原因是没有做到知错就改，粗心就成了永远的挡箭牌。如果我们忽视做错的题，订正的时候敷衍了事，那么下次还是会错，做什么错什么，加上知识的不断增多，会越错越多。所以，我们要有一个认真对待错题的态度。这里给大家提供一个解决方案——3C错题法。

1. Confirm 确认错因

第一时间快速确认自己为什么会做错，找出原因才能避免以后犯同样的错误。可以根据以下的错因进行自查：

- 确实不会做
- 审题有偏差
- 看题不完整
- 紧张导致脑子短路
- 笔误

2. Correct 订正错题

如果找到了答错的原因，我们就可以对症下药，把错题一一干掉。

如果这道题确实不会做，那肯定是某个知识点没掌握，这时候请立刻翻开书本查漏补缺，将这个知识点写到错题旁。

如果是因为审题有偏差，写的答案跟题干无关，那么需要把题干中自己理解有偏差的那部分用记号笔标出来，避免再次掉进这样的陷阱里。

如果是因为审题不完整，那就需要培养自己的耐心和定力。

如果是因为当时紧张，脑子一时短路答错，那就需要调整一下心态。

3. Collect 整理错题

整理错题需要准备一本错题本,有人说,这都什么年代了,还用错题本吗?当然,错题本任何时候都不会过时。错题本能够帮助我们快、准、狠地攻克知识弱点和盲点,降低每次考试的错误率,每次降低 10%,最终就会实现不出错。

每门学科都要准备单独的错题本,可以将错题按错因进行划分或者按题型进行划分。每攻克一道错题,我们可以在前面打上"√"。我跟我身边的学霸朋友交流发现,他们都认同一个观点:攻克一道错题,胜过做 5 道新题。

黄金时间法

心理学研究发现,一天当中人通常有 4 个记忆的黄金时段,充分利用这 4 个时段可以在学习上达到事半功倍的效果。

1. 早上 6 ~ 7 点

这个时间段人的肾上腺皮质激素的分泌进入高潮,血液加速流动,大脑经过一夜的休息,正处于工作效率的高峰,利用这段时间记一些难记又必须记忆的东西比较适宜。

2. 上午 8 ~ 10 点

这段时间人体完全进入兴奋状态,肝脏也已经将身体内的毒素排尽，此时的心脏功能也最好，大脑记忆能力也很强，正是攻克难题的好时机。

3. 下午 6~8 点

这段时间人的痛感重新下降，人的体力活动和耐力达到一天中的最高峰，运动愿望上升。我们可以利用这段时间回顾、复习当天学过的东西以加深印象。

4. 晚上 9 点

这段时间直到临睡前是一天中的最佳记忆时间，记忆效率会很高，利用这段时间来复习最容易记牢。

好好睡觉法

睡觉能睡出世界冠军？睡觉也能睡出"最强大脑"？

睡眠和记忆之间的关联可谓说来话长。古罗马雄辩家昆体良早在公元 1 世纪就指出，晚上睡个好觉能增强记忆。在最近有关人类的研究中，研究人员要求受试者记忆一系列物品或学习一项运动技能，然后在第二天检测他们的记忆表现。结果发现，在完成同样任务的时候，前一晚睡眠充足的人比没有得到充足睡眠的人要表现优异，因为睡眠有助于记忆的巩固。同样，在学习过后小睡了一会儿的人，通常比一直醒着的人能更好地回忆起所记忆的内容。由此可以推论，缺觉会损害记忆，好好睡觉才能记得更牢。

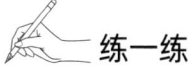 练一练

> 选择最适合你的方法，然后坚持使用吧！

第三节
思维导图学习法

> **想一想**
> - 你知道思维导图是谁发明的吗?
> - 你觉得使用思维导图可以帮助记忆吗?

思维导图的发明人是托尼·博赞先生,他是记忆界的鼻祖,世界记忆锦标赛的创始人,他被尊称为"世界大脑先生"。英国《泰晤士报》评论:"托尼·博赞让人类重新认识大脑,如同斯蒂芬·霍金让人类重新认识了宇宙。"

思维导图是一种学习工具,主要用来帮我们整理知识。如果把它叫作思路图、知识体系图可能更好理解。一张思维导图包含中心词、分支关键词、分支关键图。画不画分支关键图可依自己能力而定。

思维导图的功能很强大,我们看看它都可以用在哪里。

案例1：古诗词《清平乐·村居》

清平乐·村居

［宋］辛弃疾

茅檐低小，溪上青青草。
醉里吴音相媚好，白发谁家翁媪？
大儿锄豆溪东，中儿正织鸡笼。
最喜小儿亡赖，溪头卧剥莲蓬。

案例2：文章《春》（第四段和第五段）

"吹面不寒杨柳风"，不错的，像母亲的手抚摸着你。风里带来些新翻的泥土的气息，混着青草味儿，还有各种花的香，都在微微润湿的空气里酝酿。鸟儿将窠巢安在繁花嫩叶当中，高兴起来了，呼朋引伴地卖弄清脆的喉咙，唱出婉转的曲子，与轻风流水应和着。牛背上牧童的短笛，这时候也在嘹亮地响。

雨是最寻常的，一下就是三两天。可别恼。看，像牛毛，像花针，像细丝，密密地斜织着，人家屋顶上全笼着一层薄烟。树叶子却绿得发亮，小草也青得逼你的眼。傍晚时候，上灯了，一点点黄晕的光，烘托出一片安静而和平的夜。乡下去，小路上，石桥边，有撑起伞慢慢走着的人；还有地里工作的农夫，披着蓑，戴着笠的。他们的草屋，稀稀疏疏的，在雨里静默着。

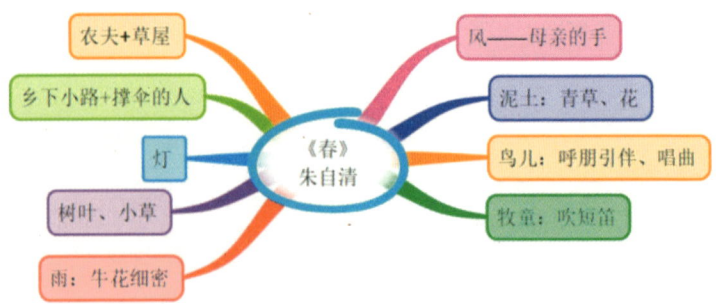

案例 3：英语单词

案例 4：语文知识点

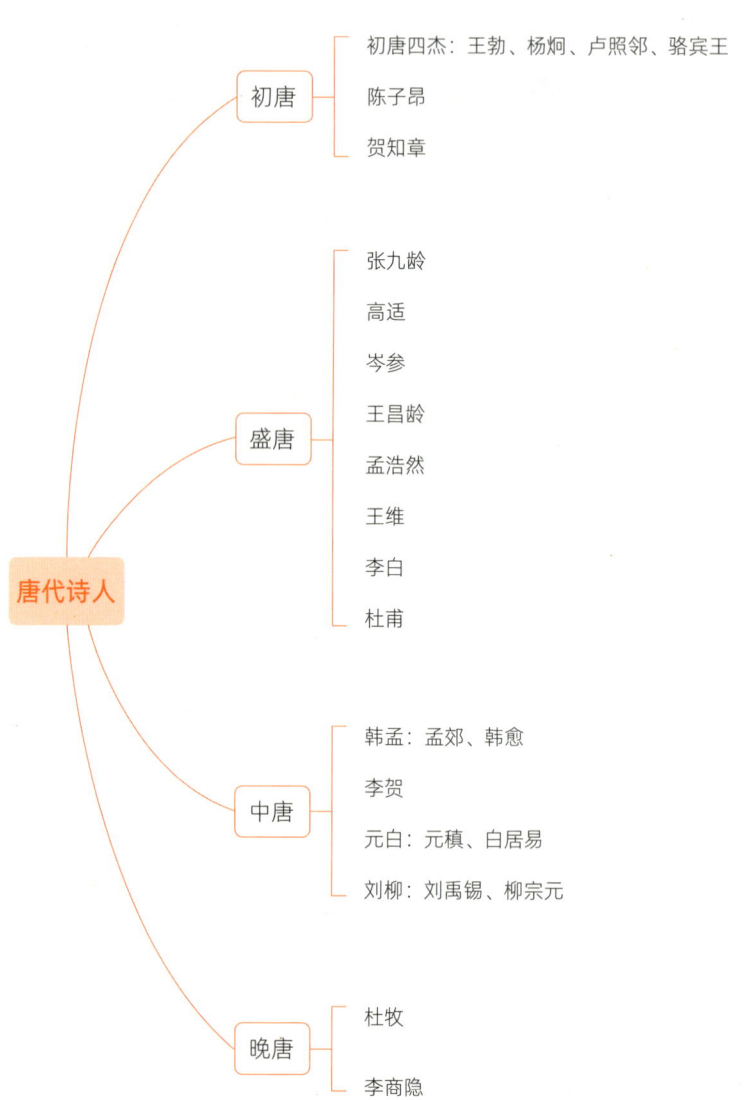

案例5：历史知识点

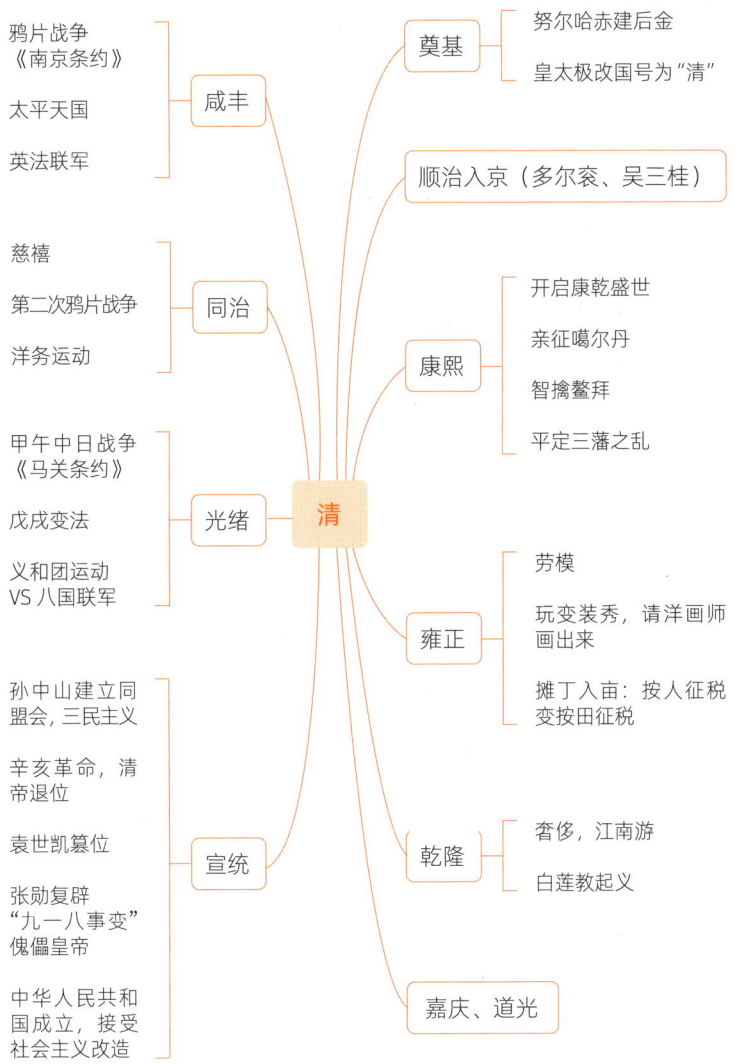

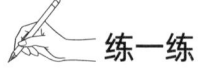

练一练

你能找出下面这段文字的中心词和关键信息,然后简单画出思维导图吗?

我看见过波澜壮阔的大海,观赏过水平如镜的西湖,却从没看见过漓江这样的水。漓江的水真静啊,静得让你感觉不到它在流动;漓江的水真清啊,清得可以看见江底的沙石;漓江的水真绿啊,绿得仿佛那是一块无瑕的翡翠。船桨激起微波,扩散出一道道水纹,才让你感觉到,船在前进,岸在后移。

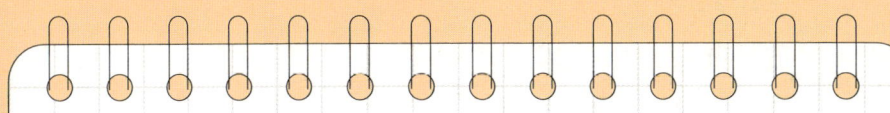

第八章

生活应用

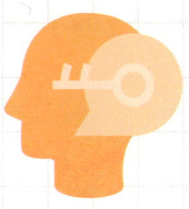

第一节
速记人名

> **想一想**
> - 你有过每次认识新朋友,刚介绍完转脸就忘的情况吗?
> - 你有过路上看见某人脸熟,但就是说不出名字的情况吗?

要记住人名就要记住两个信息,一个是姓名,一个是他的长相,两个信息必须对应上。所以,联想法记姓名第一步,将姓名进行转化;第二步,找出这个人最大的特征;第三步,把两者联结起来。

姓名	姓名出图	个人特征	联想
田浩	在田里吹号子	香肠嘴	在田里吹号子吹成了香肠嘴
刘贵同	流贵同	鼻子大	大鼻子里流出贵重的铜钱
蔡舒	菜疏	眼睛小	眼睛太小看不清,种菜的时候种得很稀疏
钱田花	千甜花	嘴大	嘴大得能吃下一千朵甜甜的花

除了三步走的联想法,还有一些记名字的小技巧:

- 主动询问对方名字的来由,为什么起这个名字,有什么意义等以加深印象。
- 把对方名字记在小本本上,动笔画出你脑中的他简单的样子。
- 多浏览他的社交媒体,了解他的兴趣爱好。
- 用老同学、兄弟这样的称呼代替名字。

要是实在忘了,我们也绝不敷衍,主动道歉。比如某节目中,嘉宾 A 忘了嘉宾 B 的名字,被网友调侃"马冬梅式记忆",但嘉宾 A 并没有惹来众人的反感,这是为什么呢?因为他毫无架子，发现自己口误之后，马上道歉说："谁？我真的不记得他，李什么，什么铉，李泽锋吗？对不起，是我的问题，岁月不饶人啊。"真诚能化解一切尴尬。

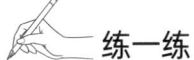 练一练

你能用三步走的联想法记忆"王羲之"这个名字吗？

第二节
速记扑克牌

想一想

- 不管是记数字还是记文字,我们都需要把它们转化成图像再记忆。你觉得记扑克牌应该转化成数字还是转化成文字呢?怎么转化呢?

扑克牌跟数字有关,所以它应该转化成数字。一张扑克牌含有两个信息,花色和点数。第一步,把花色转化成数字放在十位上;第二步,把点数转化成数字放在个位上。这样一张扑克牌对应的就是一个双位数数字。

花色转化成数字			
♠	♥	♣	♦
1(1尖)	2(2瓣)	3(3瓣)	4(4尖)

点数转化成数字		
A	10	其他数字
1	0	数字本身

示例

扑克牌	♠3	♦10	♣9	♥7	♠A
对应数字	13	40	39	20	11
数字编码图像	听诊器	步枪	三角板	摩托车	筷子

注意，当扑克牌的点数为 J、Q、K 时，J 对应数字 5，Q 对应 6，K 对应 7。同时，十位数字和个位数字要对调，也就是点数对应的数字需放在十位上，花色对应的数字需放在个位上。

示例

扑克牌					
对应数字	53	54	61	64	73
数字编码图像					

如何记忆扑克牌？

将扑克牌转化成数字之后，就可以用各种记忆法开始记忆了。如果记的扑克牌张数比较少，可以使用故事法，如果比较多，可以使用地点桩法。建议记忆初学者使用故事法。

示例

扑克牌	♦9	♠J	♦Q	♣9	♦Q
对应数字	40	73	62	39	64
数字编码图像	枪	鸡蛋	驴	三角尺	牛粪
故事法	我开枪打中了一颗鸡蛋,鸡蛋液飞溅到驴儿身上,驴儿抬起驴蹄子把三角尺踢飞了,三角尺飞出去扎在了牛粪上				

练一练

请用故事法记忆以下 5 张扑克牌。

扑克牌	♥	♠	♠	♠	♠
对应数字	20	51	13	61	11
数字编码图像	摩托车	狗	听诊器	书包	筷子
故事法					

第三节
脱稿演讲

> **想一想**
> - 你有过上台演讲时脑袋一片空白的情况吗?
> - 你背演讲稿的时候动脑筋思考了吗?

以下是一段年会演讲,怎么快速记忆呢?记忆四步法:理解、熟读、取关键字、记忆。理解和熟读需自行完成。提取关键信息这一步很关键,它能保证你上台演讲的时候有思路,再紧张也不会忘了重要信息点。关键字部分(每段着重讲了哪几点)已用颜色区分。

尊敬的各位同仁，女士们、先生们：

大家好！

在这辞旧迎新的日子里，我们迎来了每年一次的年会，我心情特别激动，而且非常荣幸在这里发言。我在脑未来公司任职会计工作一年有余，这是我第二次参加公司的年会，在职期间，公司的各位领导和同事们给了我很多指导和帮助，在此，我深表感谢，谢谢大家！

首先，我们用心工作。在日常工作中用心、努力地做好每件事，争取把问题想周到，尽量使自己能做到事半功倍的效果。在财务工作中，我始终以提高工作效率和工作质量为目标，力争做到总公司和分公司财务制度统一；积极主动地了解各分公司财务工作中出现的问题，及时上报，及时解决；使得各分公司人员按照公司的制度和标准完成每项工作，熟练掌握工作流程；坚持按财务制度办事，保持头脑清醒；及时掌握各公司签订合同和收付工程款项等情况；在工作中发现问题，解决问题，采纳大家提出的合理化建议。

其次，我们态度端正。财务部门是为大家服务的部门，坚持按原则办事，加强个人责任心培养，履行会计职能，勇于负责，积极主动，虚心向各位同事学习，配合公司各位领导完成每项工作，严格遵守公司的各项规章制度，不能马虎，不能怕麻烦，认真审核每笔业务，本着对事不对人的态度工作，也不能怕得罪人。在工作和学习中，我坚持取人之长，补己之短。因为我深知财务工作始终贯穿于企业生产经营的每个角落，需要不断地学习，不断地更新专业知识，结合本企业实际情况，向领导提出合理化建议，争取找到更好的方法为企业服务。

经过一年多的工作，我不断改正缺点，完善自己，也希望大家多给我提出宝贵意见。公司是平台，我们每个人都是主人，把企业的事当作自己的事来做，把企业的财当作自己的财来理，从大处着眼，从小处着手。在新的一年，我对财务工作有几点想法：计划控制财务成本、审核监督费用开支、积极配合销售安装、保证财产物资安全、准确及时进行财务分析。服务于公司，服务于员工，服务于客户，以促进公司开拓市场、增收节支，从而谋取利润最大化，以最优的人力配置谋取最大的经济效益。

最后，让我们全体员工以高度饱满的工作热情、积极端正的工作态度，不断提高自己的业务水平和业务素质，努力奋斗！相信在全体员工的努力下，我们公司的明天会更好！相信公司的明天会更加灿烂辉煌！

再次祝大家新年快乐！全家幸福！谢谢大家！

整理归纳

段落	中心思想
1	开场,之后先讲了此时的心情,然后讲了自己的任职时间,最后感谢大家,共三点
2	讲自己这一年的工作情况。第一个优势就是用心工作,主要表现在问题想得周到、工作有效率和有质量、分公司人员按章办事和在工作中及时发现并解决问题
3	讲自己这一年工作情况中的第二个优势,那就是态度端正,主要表现在按原则办事和注意取长补短
4	规划未来,主要包含两点:把公司的事当作自己的事和几点小想法
5	收尾,包含两点:表决心和祝福公司。最后呼应开头,再次祝新年快乐

理解记忆

开场	先谈自己此时的心情（激动、荣幸），因为我才任职一年有余，所以任职期间感谢大家帮助。
总结过去	最重要的是用心，只有把问题都想周到了，才能保证工作效率和质量。除了自己，也少不了分公司人员发现问题、解决问题。用心的"心"指心脏，心脏的上面是脸，脸代表态度。第二，要态度端正，做财务首当其冲就是谨慎、按原则办事，但我们也有人情味，知道虚心学习、取长补短。
规划未来	员工的最高境界就是把公司的事当作自己的事。 几点想法：计划、审核、积极、保证、准确、服务。我们用"串字法"来记忆：鸡审鸡，保准服——鸡审问鸡：药你保准服了？
收尾	表决心自己要怎么做，这么做之后公司会怎么样。再次祝新年快乐。

画思维导图

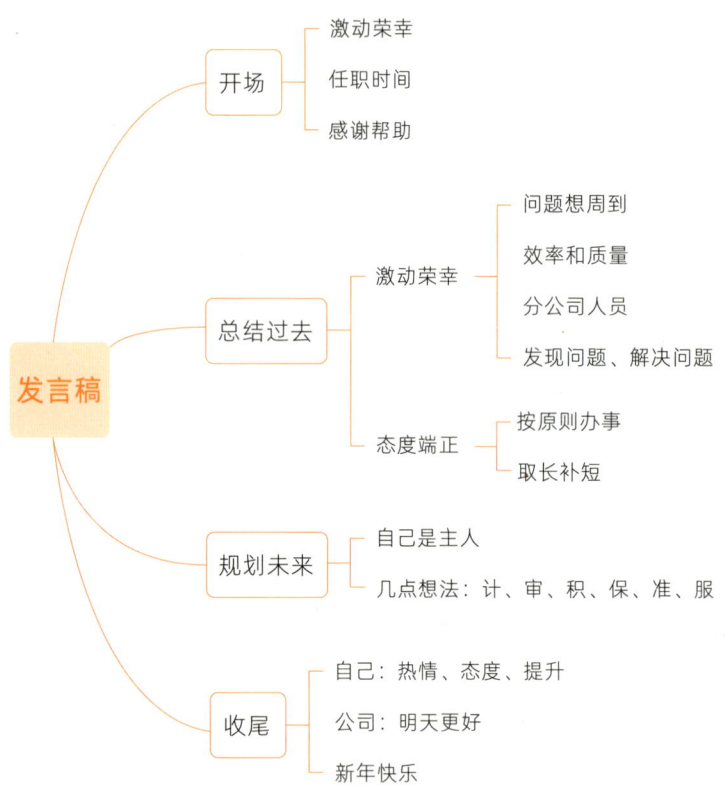

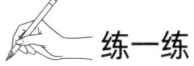 **练一练**

你能快速标注出以下发言稿中的关键信息吗?

中考考前动员会发言稿

同学们,大家下午好!光阴似箭,日月如梭。转瞬间,我们在常儿寨中学三年的初中生涯即将结束,接下来我们将面对的是竞争激烈的中考。此时此刻,离中考仅有100多天,可谓时不我待,形势紧迫。三年的艰辛与付出,一千个日日夜夜的奋斗与追逐,我们心中都有一个梦想:"考个好成绩,上个好高中。"而要实现升学的梦想,成就自己的未来,需要大家做好四方面准备。

一、要有正确的目标。不想当将军的士兵不是好士兵。为此,我们每一个同学,都要结合自身情况,确立一个实际的中考目标,我们的最低目标就是升上肥乡一中,或者考上更好的市内高中。用目标来激励我们学习,增强我们的信心,激发我们的斗志。

二、学习态度要端正。态度决定一切,积极端正的态度是取得中考胜利的根本保证。在这短短的100多天中,我们的学习、生活只能围绕中考这个中心,一切与学习无关的事情要置之不理。要满腔热情地投入到紧张的学习中，切实做到温故而知新。如果你自暴自弃，无所谓，骄傲自满，目空一切，作风散漫不在状态。那么，你一定会在中考中败下阵来。你愿意失败吗？你愿意看到父母失望的眼神吗？难道你不想考上高中，成就自己的未来吗？

三、夯实基础，提升能力。扎实的根底，强劲的实力，是决战中考制胜的法宝。"万丈高楼平地起"，能力源于基础。在中考准备中，先要把基础知识牢固掌握，然后再适当拓展和综合运用，做到融会贯通。切忌好高骛远，建空中楼阁。因此，大家一定要在复习中紧跟老师的思路，注意构建自己的知识体系，夯实基础知识，学会举一反三，融会贯通。做到勤学多问，善于总结，多与同学交流。

四、注重效率，事半功倍。学习要讲科学，在保证学习时间的前提下，学习方法仍然要科学。盲目地复习功课，撒网式地学习，时间不允许，精力也不够，只会贻误战机，徒劳无功。要充分发挥最后100多天的作用，学习方法显得尤为重要。首先，要重视课堂学习，老师的教学系统性强，极具针对性和时效性，能起到事半功倍的效果，一定要紧跟老师的思路。其次，课余时间学习要有所侧重,突出自己的强项学科,向薄弱学科倾斜,齐头并进才有整体优势。

同学们,进军的号角已经吹响,老师、家长的期望,我们的追求与抱负,在 6 月将迎来收获与惊喜。我们只要有高昂的斗志,有舍我其谁的信心,有超强的综合实力,就能在中考中抢占先机。同学们,振作起来,用青春的名义宣誓:举胸中豪情,倾热血满腔,与雷霆碰杯,同日月争,用无畏面对荆棘,用汗水浇铸理想,用沉着应对挑战,用信心照亮前程。我相信,老师们相信,家长们相信,有你们的努力,有你们的奋斗,你们一定会笑着参加中考,升上自己理想的高中。

21天记忆训练

张颖 陈仁鹏 著

台海出版社

在行为心理学中,人们把一个人的新习惯或理念的形成并得以巩固至少需要 21 天的现象,称为"21 天效应"。我们也可以这样理解,一个人的动作或想法,如果重复 21 天就会变成一个习惯性的动作或想法。

所以,如果你真心想要改变自己,想养成记忆的好习惯,让自己成为"最强大脑",成为一个成功的人,那么请你把一件有益于自己的事情坚持 21 天吧,你将成为更好的自己。

扫描二维码关注公众号
回复"虫洞书简记忆课"
领取 21 天记忆训练的答案

Task 1. 请把圆周率小数点后 50 位补充完整

3. □□□□□□□□□□□□□□□□□□□□□□□□□
  □□□□□□□□□□□□□□□□□□□□□□□□□

训练用时：_____

正确个数：_____

Task 2. 请从数字编码表中找出 58、20、97、49、44 的编码图像,然后用故事法记住它们(51～60 位)

3. ☐☐☐☐☐☐☐☐☐☐☐☐☐☐☐☐☐☐☐☐☐☐☐☐
☐☐☐☐☐☐☐☐☐☐☐☐☐☐☐☐☐☐☐☐☐☐☐☐
5 8 2 0 9 7 4 9 4 4

训练用时:＿＿＿＿

正确个数:＿＿＿＿

数字编码表

Task1. 找出下面两幅图中 5 处不同的地方

训练用时：_____

正确个数：_____

Task2. 填空

三十六计

32 ☐☐☐	☐ 瞒天过海	11 ☐☐☐☐	☐ 围魏救赵
12 ☐☐☐☐	☐ 关门捉贼	06 ☐☐☐☐	☐ 釜底抽薪
07 ☐☐☐	☐ 树上开花	34 ☐☐☐	☐ 金蝉脱壳
35 ☐☐☐	☐ 调虎离山	13 ☐☐☐☐	☐ 混水摸鱼
14 ☐☐☐☐	☐ 偷梁换柱	10 ☐☐☐☐	☐ 假痴不癫
09 ☐☐☐☐	☐ 反间计	28 ☐☐☐☐	☐ 以逸待劳
31 ☐☐☐	☐ 趁火打劫	16 ☐☐☐☐	☐ 擒贼擒王
36 ☐☐☐☐	☐ 远交近攻	08 ☐☐☐☐	☐ 假道伐虢
03 ☐☐☐☐	☐ 抛砖引玉	30 ☐☐☐☐	☐ 指桑骂槐

训练用时：_____

正确个数：_____

联想力训练

训练要求	对每组词语进行串联联想，也就是把每组词语串联成一个小故事 示例：母鸡、沙发、眼镜、汽车、牙刷、石头 大脑串联图像：母鸡扑腾着跳到沙发上，从沙发上拿起一副眼镜戴上，然后出门坐上汽车，从嘴里掏出来一支牙刷开始刷石头
训练方法	1. 刚开始时要求图像清晰，不要求速度 2. 尽量不要停顿或回看前面的内容 3. 每完成一组（10个），记录所用时间及正确个数

第 1 组	第 2 组
1. 洗发水	1. 沙发
2. 月亮	2. 砖头
3. 松树	3. 机器猫
4. 玻璃	4. 葫芦
5. 企鹅	5. 玉米
6. 弹簧	6. 椅子
7. 蒙古包	7. 小河
8. 松鼠	8. 香蕉
9. 手镯	9. 丝绸
10. 扇子	10. 双人床
训练用时：	训练用时：
正确个数：	正确个数：

联想力训练

训练要求	对每组词语进行串联联想,也就是把每组词语串联成一个小故事
训练方法	1. 刚开始时要求图像清晰,不要求速度 2. 尽量不要停顿或回看前面的内容 3. 每完成一组(12个),记录所用时间及正确个数

第 1 组	第 2 组
1. 绿叶	1. 馄饨
2. 冰块	2. 玉米
3. 炒锅	3. 积水池
4. 木棍	4. 茶叶
5. 热水器	5. 舌头
6. 桌子	6. 飞船
7. 皮箱	7. 榴梿
8. 仙鹤	8. 排球
9. 洗衣机	9. 锣鼓
10. 南瓜	10. 桌布
11. 裤子	11. 轮船
12. 手机	12. 排球
训练用时:	训练用时:
正确个数:	正确个数:

联想力训练

训练要求	对每组词语进行联结，比如：西瓜——手机 大脑联想图像： 1. 用西瓜砸手机 2. 敲开西瓜，发现里面有个手机 3. 西瓜上插着一个手机 4. 用手机托西瓜 5. 手机屏幕上全是西瓜
训练目标	1. 每组词语至少联想出三种组合方式 2. 三组图像要有明显区别 3. 每想出一个组合就在空格内打"√"
检验标准	1. 联想完成后，挡住左边的词语能够回忆右边的词语 2. 记录下完成所有词语的联结所用的时间 3. 记录下回忆出来的词语的组数

Task 1

词组	组合 1	组合 2	组合 3
1. 地球——白菜			
2. 乌龟——水壶			
3. 拖鞋——玉米			
4. 沙发——手机			
5. 月季——匕首			
6. 铃铛——河马			
7. 课本——米饭			
8. 雪山——楼梯			
9. 铅笔——酱油			
10. 扑克——小鸟			

训练用时:

正确组数:

Task 2

词组	组合 1	组合 2	组合 3
1. 石榴——蜗牛			
2. 窗户——风车			
3. 纸巾——浴缸			
4. 妖怪——海洋			
5. 帽子——玻璃			
6. 奶糖——水泥			
7. 魔方——电线			
8. 鞋垫——钟表			
9. 筷子——指甲			
10. 木瓜——电灯			

训练用时：

正确组数：

联想力训练

训练要求	对每组词语进行联结
训练目标	1. 每组词语至少联想出三种组合方式 2. 三组图像要有明显区别 3. 每想出一个组合就在空格内打"√"
检验标准	1. 联想完成后,挡住左边的词语能够回忆右边的词语 2. 记录下完成所有词语的联结所用的时间 3. 记录下回忆出来的词语的组数

Task 1

词组	组合 1	组合 2	组合 3
1. 大象——凳子			
2. 耳环——熊猫			
3. 手链——老鼠			
4. 拖把——黄瓜			
5. 气球——老虎			
6. 纸片——黄牛			
7. 飞碟——煤气灶			
8. 围巾——猪			
9. 扑克——龙			
10. 飞船——狮子			
11. 金鱼——头发			
12. 发夹——青菜			

训练用时:

正确组数:

Task 2

词组	组合 1	组合 2	组合 3
1. 小笼包——步枪			
2. 电脑包——冰箱			
3. 菊花茶——石头			
4. 水滴——花瓣			
5. 火箭——算盘			
6. 葫芦——钢笔			
7. 云彩——水饺			
8. 坦克——屏幕			
9. 尺子——铁锤			
10. 菊花——麻花			
11. 松鼠——电线			
12. 琵琶——窗帘			

训练用时：

正确组数：

抽象词出图训练

训练要求	将抽象词转化为形象词并出图,将答案写在右列,如: 宏观——红色的鸡冠
训练方法	抽象词转形象词方法(鞋带忘赠): 谐音法、代替法、望文生义法、增减倒字法
检验标准	1. 挡住左边的词语,通过右边的出图内容快速回忆出左边的词语 2. 记录训练所用的时间 3. 记录回忆出来的词语的个数

抽象词	出图
1. 宽容	
2. 公正	
3. 寻求	
4. 意义	
5. 权利	
6. 主意	
7. 参加	
8. 广阔	
9. 平凡	
10. 价值	

训练用时：

正确个数：

DAY 08 抽象词 & 形象词混合串联训练

训练要求	对每组词语进行串联联想，也就是将 10 个词语串联成一个连续的图像组合
训练目标	1. 力求图像清晰，一次通过 2. 记录下串联完成所用的时间
检验标准	1. 挡住左边的词语，在右边依次默写，能够完全正确地回忆出每个词语才算成功 2. 如果每组错误有 2 个及以上，请重新记忆

Task 1

记忆	默写
1. 尺子	
2. 面条	
3. 电视机	
4. 悠扬	
5. 无精打采	
6. 长度	
7. 成效	
8. 毛驴	
9. 动听	
10. 落实	

训练用时：

正确个数：

Task 2

记忆	默写
1. 电脑	
2. 结果	
3. 表里不一	
4. 宝剑	
5. 暴雨	
6. 谈判	
7. 计算机	
8. 天气	
9. 锋利	
10. 茶几	

训练用时:

正确个数:

数字相关的常识记忆

运用数字编码表记忆下列常识

记忆
目前世界上人口总数近 80 亿
2010 年,"试管婴儿之父"罗伯特·爱德华兹获诺贝尔奖
亚洲最大的人工湖面积 239 平方千米

记忆

广州塔身主体高454米,天线桅杆高146米

中国最早参加奥运会是在1932年洛杉矶奥运会

玉龙雪山海拔5596米

世界上人口最多的大洲人口有36.72亿

世界上最长的天然石桥是广西仙人桥,全长122米

尼罗河是世界上最长的河,约6670千米

埃菲尔铁塔始建于1887年

数字编码表

回忆

尼罗河是世界上最长的河,约(　　)千米

广州塔身主体高(　　)米,天线桅杆高(　　)米

世界上最长的天然石桥是广西仙人桥,全长(　　)米

亚洲最大的人工湖面积(　　)平方千米

世界上人口最多的大洲人口有(　　)亿

埃菲尔铁塔始建于(　　)年

目前世界上人口总数为(　　)多亿

(　　)年,"试管婴儿之父"罗伯特·爱德华兹获诺贝尔奖

中国最早参加奥运会是在(　　)年洛杉矶奥运会

玉龙雪山海拔(　　)米

古诗词训练

请将诗句分别写到漫画对应的地方

四时田园杂兴（其三十一）

〔宋〕 范成大

昼出耘田夜绩麻，

村庄儿女各当家。

童孙未解供耕织，

也傍桑阴学种瓜。

古诗词训练

请将诗句分别写到漫画对应的地方

闻官军收河南河北

[唐] 杜甫

剑外忽传收蓟北,初闻涕泪满衣裳。
却看妻子愁何在,漫卷诗书喜欲狂。
白日放歌须纵酒,青春作伴好还乡。
即从巴峡穿巫峡,便下襄阳向洛阳。

英语单词训练

请用拼音法记忆以下单词（注："ll"筷子）

单词	拆分	联想
fall 落下		
hall 大厅		
hell 地狱		
sell 卖，销售		
yell 大叫，叫喊		
bull 公牛		
dull 愚蠢的		
gull 海鸥		
mill 磨坊		
pill 药丸		

英语单词训练

请用拼音法记忆以下单词（注："re"热）

单词	拆分	联想
bare 裸露的		
dare 胆敢		
fare 车费		
hare 野兔		
rare 稀有的		
ware 器皿		
mare 母马		
dire 极糟的		
hire 租用		
tire 轮胎		

英语单词训练

请用拼音法记忆以下单词

单词	拆分	联想
ache 疼痛		
bat 蝙蝠		
cell 细胞		
check 检查		
cheque 支票		
chill 寒冷		
date 约会		
guide 导游		
pin 大头针		
cake 蛋糕		

DAY 15 英语单词训练

请用熟词法记忆以下单词

单词	拆分	联想
alone 单独		
beard 胡须		
bill 账单		
block 街区		
brain 脑袋		
shell 贝壳		
hour 小时		
heat 加热		
history 历史		
belong 属于		

英语单词训练

请用近似法记忆以下单词

单词	近似	联想
band 乐队		
bank 银行		
blood 血		
biscuit 饼干		
coach 教练		
church 教堂		
custom 风俗		
fan 风扇		
peach 桃子		
league 联盟		

 **单词搜索**

Task 1. 请从下面字母中横向或纵向找出 8 个有关动物的单词

W	I	S	H	E	E	P	Z
A	D	H	S	V	Z	C	O
L	O	O	A	T	S	H	N
O	G	R	E	P	I	G	
D	B	S	C	A	T	C	E
U	D	E	G	O	M	K	Y
C	H	I	J	F	H	E	N
K	P	C	O	W	L	N	U

1. _____
2. _____
3. _____
4. _____
5. _____
6. _____
7. _____
8. _____

Task 2. 请从下面字母中横向或纵向找出 18 个英语单词

```
h c u p i d c k o t i w y
e h a r e b h a e f h e p
e o t n a r i u a r l v h
d c h k d n e f a c u o s
y o s r h y s r e w o l f
s l i d s b n i y e h d e
h a r r o w o e s p e e b
t t h v a l e n t i n e r
h e a r t r f d v n a p u
p h t c i u i s h k y o a
k u r e n f k o l p s d r
s g h s k i s s p s u e y
r a r f i c h a i t n r e
e s w e e t h e a r t w h
b e m i n e p a r e d h y
n s l h r o s e s h r o g
```

1. _____   7. _____   13. _____
2. _____   8. _____   14. _____
3. _____   9. _____   15. _____
4. _____   10. _____ 16. _____
5. _____   11. _____ 17. _____
6. _____   12. _____ 18. _____

 **文字游戏**

请补全下图中的成语

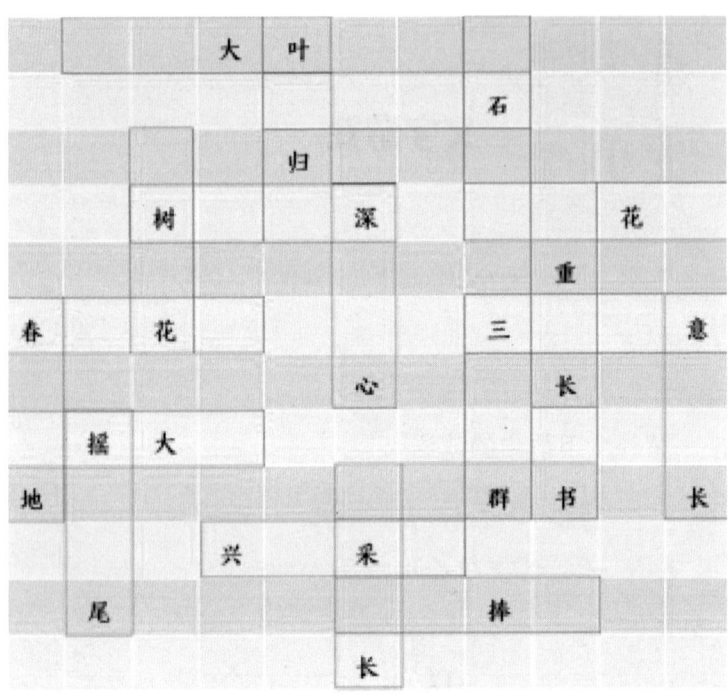

车牌游戏

1. 请记忆每种颜色的车对应车牌号的后两位

2. 填空

京C 845___ 京N 501___ 京F 3PY___ 京Q FV5___

京N P64___ 京N V47___ 京N 496___ 京N 805___

易读错字区分训练

本字	同音字	联想记忆
氛(fēn)围	分离	今晚我们分离的氛围很伤感
晕(yùn)船		
树冠(guān)		
恐吓(hè)		
悄(qiǎo)然而至		
卑鄙(bǐ)		
拙劣(zhuō)		
果实累累(léi)		

易写错字区分训练

本字	同形字	联想记忆
狡辩	辩论	辩论赛上他总是狡辩
惊慌失措		
入木三分		
再接再厉		
川流不息		
唉声叹气		
关怀备至		
轻歌曼舞